现场互动与持续改善式
工伤预防培训项目实施手册

主 编 张学文 刘辉霞

中国劳动社会保障出版社

图书在版编目(CIP)数据

现场互动与持续改善式工伤预防培训项目实施手册/张学文，刘辉霞主编. —北京：中国劳动社会保障出版社，2016

ISBN 978-7-5167-2839-0

Ⅰ.① 现…　Ⅱ.① 张…② 刘…　Ⅲ.① 工 伤 事 故-事 故 预 防-手 册
Ⅳ.①X928.03-62

中国版本图书馆 CIP 数据核字(2016)第 287883 号

中国劳动社会保障出版社出版发行

(北京市惠新东街 1 号　邮政编码：100029)

*

三河市华骏印务包装有限公司印刷装订　　新华书店经销

787 毫米×1092 毫米　16 开本　14.75 印张　2 彩色印张　249 千字
2016 年 11 月第 1 版　　2019 年 10 月第 3 次印刷

定价：42.00 元

读者服务部电话：(010)64929211/84209101/64921644
营销中心电话：(010)64962347
出版社网址：http://www.class.com.cn

编 委 会

内 容 提 要

　　本书详细介绍了现场互动与持续改善式工伤预防培训项目的实施背景与意义、项目实施工作流程、工作环境工伤危险因素评估、工伤预防常规培训内容、质量控制、成效评估标准、经费来源与支付标准。为了便于读者更好地学习与实践，在书中相应章节插入了项目实施实际工作所需的调查问卷模板，同时书后还附录了该项目现阶段在广州施行的基本情况，包括项目的论证、实施、验收与取得的成效，还对常见行业工伤危险因素、防范措施进行了总结归纳，制定了行业工伤危险因素评估标准。本书组织合理、内容翔实、可操作性强、实用性高，适用于工伤保险从业人员、企业负责人、企业安全管理人员、人力资源管理人员和工伤预防培训专业人员学习、参阅。

前言

  早在 1912 年，美利坚合众国马萨诸塞州在其法案中确立，要从工伤保险基金中拿出一些资金来预防工伤的发生，采取一切有效的手段预防事故和控制职业病，以保障劳动者在工作中免遭伤害。2003 年 4 月 27 日，国务院颁布的《工伤保险条例》，将“促进工伤预防”纳入了工伤保险范围。2011 年 9 月 29 日，广东省人民代表大会修订的《广东省工伤保险条例》规定：“工伤保险工作坚持预防、救治、补偿和康复相结合的原则”。2009 年，国家人力资源和社会保障部（以下简称“国家人社部”）选定河南、广东、海南 3 省的 12 个地市开展工伤预防试点工作，试点城市工伤事故发生率呈现下降趋势，职工的安全意识和维权意识、企业守法意识有所增强。2013 年 4 月 22 日，国家人社部印发了《关于进一步做好工伤预防试点工作的通知》（人社部发〔2013〕32 号），广州市再次被选定为工伤预防试点城市。

  综观古今中外成熟的工伤保险制度发展历程，无不将工伤预防摆在工伤保险的首要位置，广州市将“强预防，保未伤”科学定位为工伤保险的最高境界。国家人社部 32 号文强调，工伤预防是建立我国预防、补偿和康复“三位一体”工伤保险制度体系的重要组成部分。工伤预防的主要方式是广泛开展安全生产和职业病防治知识的宣传培训活动。做好工伤预防工作，有利于从源头上减少工伤事故的发生，从根本上保障职工生命安全和身体健康，体现以人为本的执政理念；有利于增强用人单位和职工的守法维权意识，促进各项工伤保险政策及安全生产措施的落实；有利于促进用人单位不断完善规章制度，细化安全操作流程，强化行业管理规范；有利于维护工伤保险基金安全，提高基金使用效率。

  自 2009 年以来，广州市人力资源和社会保障局（以下简称“广州市人社局”）和广东省工伤康复中心联合组成工伤预防试点团队（以下简称“试点团队”），积极开展工伤预防试点工作，勇于开拓进取，大胆探索创新，率先引进国

1

际劳工组织推崇的"参与式职业健康培训项目"和香港特别行政区施行的"普思参与式工伤预防持续改善项目",并结合我国企业员工素质、企业文化、产业结构和生产状况等实情,取"普思参与式工伤预防持续改善项目"之精华,独创了具有广州特色和领先水平的"现场互动与持续改善式工伤预防培训项目"(以下简称"互动与持续改善工伤预防项目")。

互动与持续改善工伤预防项目具有投入少、操作易、趣味浓、绩效高等特点。该项目的实施分为三个阶段:现场工作环境巡查与员工工伤预防相关知识调查(员工知识、信念、行为调查);参与式培训(全员培训与企业导师培训);跟踪回访和绩效评估。在2013年3月至2014年12月期间,试点团队对广州市50家企业采用传统方式培训(传统组),100家企业实施互动与持续改善工伤预防项目培训(互动组)。经对两组培训绩效分析比较,互动组企业在工伤发生率,员工的预防知识、信念和行为,企业工作环境和管理制度的改善等方面,均明显优于传统组企业,统计学分析二者具有显著差异。试点团队还对全国各地600多家企业20多万人实施了互动与持续改善工伤预防项目,进一步验证了该项目较传统培训方式更加具有"易推广和效果好"等特色优势。为在更大范围、更多员工中推广应用互动与持续改善工伤预防项目,使更多企业和员工在工伤预防意识、理念、知识、措施和管理等方面得到全方位改善,试点团队编制了《现场互动与持续改善式工伤预防培训项目实施手册》。

本书全面系统地介绍了互动与持续改善工伤预防项目的来源、背景与现实意义,实施办法和绩效评估标准等内容。初步建立了普通行业的常规培训规范和部分特殊行业的专业培训指南,形成了比较完善的绩效评估体系(包括评估项目、标准和方法等)。既有理论探讨,又有实操讲解及案例分享。本书用语规范、行文流畅、简洁明了、流程清晰、指引明确、易于操作,让读者一目了然,不失为广大工伤保险从业人员、企业负责人、企业安全管理人员、人力资源管理人员和工伤预防培训专业人员的必备工具书。

我国工伤预防工作尚处试点阶段,我们深信,本书的出版将为我国的工伤预防工作燎旺星火,将对建立和完善我国具有"一流技术,一流质量,一流服务,一流绩效"先进的工伤预防服务体系发挥积极作用,大幅度降低企业工伤事故发生率，保障员工职业安全，减少工伤保险基金的支出，提高基金使用效率，维护社会稳定等方面做出重大贡献。

本书在编写过程中得到了国家人社部领导的悉心指导和大力支持，得到了全国多个省、市、县人社部门、安监部门、职业病防治机构和企业管理人员的专业指导和大力支持，在此表示衷心感谢和崇高敬意！同时本书参阅了大量文献，在此对原著作者表示衷心的感谢！

由于本书编写时间紧张，编者的经验和水平有限，书中内容可能存在一定不足，恳请各位读者和行业专家提出宝贵意见，以期再版时得到更多的改进和提高。

张学文

2016 年 6 月于广州

目 录

现场互动与持续改善式工伤预防培训项目实施手册

XIANCHANG HUDONG YU CHIXU GAISHANSHI GONGSHANG YUFANG PEIXUN XIANGMU SHISHI SHOUCE

第一章 项目介绍

一、背景介绍

(一) 工伤与工伤保险

工伤是工作伤害的简称，也称职业伤害，是指生产劳动过程中，由于外部因素的直接作用而引起机体组织的突发性意外损伤，如因职业性事故导致的伤亡及急性化学物中毒。1921 年国际劳工大会通过的公约中对"工伤"的定义是：由于工作直接或间接引起的事故为工伤。1964 年第 48 届国际劳工大会规定了工伤补偿应将职业病和上下班交通事故包括在内。因此，当前国际上比较规范的"工伤"定义包括两个方面的内容，即由工作引起并在工作过程中发生的事故伤害和职业病伤害。职业病是指企业、事业单位和个体经济组织的劳动者在职业活动中，因接触粉尘、放射性物质和其他有毒、有害物质等因素而引起的疾病。

工伤保险是社会保险制度中的重要组成部分，是指国家和社会为劳动者在生产经营活动中遭受意外伤害、患职业病，以及因这两种情况造成的死亡、劳动者暂时或永久丧失劳动能力时，给予劳动者及其亲属必要的医疗救治、生活保障、经济补偿、医疗康复、社会康复和职业康复等物质帮助的一种社会保障制度。在我国，职工在发生工伤后，经治疗伤情相对稳定后存在残疾、影响劳动能力的，应当依法进行劳动功能障碍程度和生活自理障碍程度的等级鉴定，即劳动能力鉴定。其中，劳动功能障碍分为 10 个伤残等级，最重的为一级，最轻的为十级。生活自理障碍分为 3 个等级：生活完全不能自理、生活大部分不能自理和生活部分不能自理。工伤职工可依照劳动能力鉴定部门出具的伤残鉴定，享受不同等级的工伤待遇。

（二）工伤预防的内涵与目的

工伤预防是相对于职业伤害来说的，指事先防范职业伤亡事故以及职业病的发生，减少事故及职业病的隐患，改善和创造有利于健康的、安全的生产环境和工作条件，保护劳动者在生产、工作环境中的安全和健康。其目的是通过开展有效的工伤预防，降低事故发生率，减少企业与保险机构的损失，保障职工安全，提高工作效率，降低企业成本，增加保险收益。国际劳工组织以及我国国家机关就劳工安全保障问题颁布了一系列的规章制度，明确规定用人单位要安全生产，保证职工安全。

（三）工伤预防与工伤保险的关系

人类为抵御职业伤害而建立的工伤保险制度，走过了100多年的历史。工伤预防已成为现代工伤保险的基本特征。预防优先是以先预防、再康复、后补偿的顺序链开展工伤保险工作。在工伤保险运行体系中实施积极的工伤预防，已成为国际工伤保险事业发展的主流。工伤保险的三大职能是工伤预防、工伤康复和工伤补偿，这三大职能包含着工伤补偿、工伤救治、职业康复及工伤预防四大功能。各功能之间相互关联，相互影响，从而形成统一协调的有机整体。而这四项功能的实现需要根据客观的经济社会发展条件而存在，也遵循事物从简单到复杂，由低级到高级，逐步发展并走向成熟的客观规律。工伤保险早期就是以国家立法为手段，对生产、工作中造成的职业伤害当事人及供养亲属提供医疗救治、经济补偿、收入保障，这是工伤保险发展的最低层次。据统计，90%以上的工伤事故都是可以预防的。措施有利的工伤预防，不仅可以减少工伤保险费的支出和与之相关的大量善后工作，还可以从源头上控制工伤事故的发生，降低事故的发生率，减少伤亡率，降低劳动者的工伤风险，保护劳动者的职业安全和健康。这是工伤保险发展的最成熟阶段，也是工伤保险的最高层次。如果工伤保险只停留在工伤补偿和救治的水平上，工伤保险所要达到的目的只能是低层次的，也难以实现工伤保险的良性发展。因此,"促进工伤预防工作"是工伤保险的立法宗旨和重要任务之一。

(四) 工伤预防的发展历程

1. 国外工伤预防发展历程

1884 年,德国率先发布了近代第一部工伤保险法案。但是,在工伤保险体系建立之初,并没有把工伤预防工作重视起来,而是单方面地向已经发生工伤事故的职工提供协助、资金赔偿或者是抚恤金,其功能主要表现为金钱的补助。所以,那个时候的工伤保险体系并非是主动的,而是采取了一种较为消极的姿态来面对潜在的风险。随着社会的快速发展,消极的措施已经满足不了职工的要求,更多的职业病以及生产安全事故频发,给社会的稳定造成了很大的威胁。1912 年,美利坚合众国马萨诸塞州在其法案中确立,要从工伤基金中拿出一些资金来预防工伤的发生,这也是世界上第一次把工伤预防作为工伤保险的一部分,正式以法律的形式来进行规定。1929 年,国际劳工组织在《工伤事故预防建议书》里提出,工伤事故的防范一定要和前期投资融合在一起,通过此项内容来引起世界各个国家对工伤预防工作的重视。由此,许多国家开始在自己国家的一些保险立法款项中添加工伤事故预防的内容。一直到 20 世纪 50 年代,一些工业发展较为迅速的国家,开始把工伤预防的有关内容在立法中予以进一步的确定。

2. 国内工伤预防发展历程

我国工伤预防工作贯穿于工伤保险成长的始终,大致可以分为 3 个代表性阶段:

(1) 企业保险阶段。

我国在 1951 年首次将工伤保险纳入法律法规中,颁布了《劳动保险条例》。自《劳动保险条例》颁布后,我国不断地对包括保险对象、赔付标准等在内的工伤保险各个方面做出修正与指导。《劳动保险条例》指出了工伤保险的工作重心在于工伤补偿,为我国工伤保险的发展提供了方向性指导。然而,《劳动保险条例》没有提及工伤预防工作的开展,存在一定的不足。

(2) 社会保险阶段。

我国于 1989 年在全国十多个县市进行工伤保险改革试点，主要改革内容包括工伤保险覆盖范围的扩展、相关法律制度的完善以及费率机制的调整。通过改革，试点地区的保险覆盖范围有明显的扩大，制定了一系列非硬性规定供政企双方参考。此外，还在工伤保险的基础上拓展出工伤预防的功能，对费率机制进行了调整。改革后的政企双方对工伤保险的关注度加大，提高了企业安全生产与参保的积极性。受到试点地区改革成功的影响，我国加大了对工伤保险管理的投入。我国于 1992 年针对职业病致残程度制定了参照标准，一定程度上对工伤保险制度的缺陷作了补充。在 1996 年之后，我国工伤保险的管理走向了社会化，从此进入到社会保险阶段。《企业职工工伤保险试行办法》的出台逐步扩展改革的成果，在加大扩展工伤保险涵盖的区域、提升工伤保险经济待遇、强化对工伤保险基金的管辖的基础之上，继续提升工伤预防工作的作用。在工伤保险基金中，对工伤预防的一些资金投入进行了确定，多个地区建立了适合自身区域发展的法规来加强工伤预防工作。通过这些举措，我国逐渐把工伤预防归入到工伤保险体制里。

（3）制度保险阶段。

制度保险阶段是指国家通过相关保险制度的规定来开展工伤保险工作，标志着我国工伤保险管理从人治过渡到法治阶段。2004 年开始施行的《工伤保险条例》不仅具备更强的法律效力，而且对于所属性质不同的企业、企业职工待遇的问题有更具体的规定。然而此条例的不足之处在于对工伤预防工作的规定少之又少，涉及工伤预防的一些法律规定并不具体，没有详细的说明。可喜的是 2010 年对《工伤保险条例》的修订中将工伤预防工作提到了重要的位置。

2009 年，国家人社部发文《关于开展工伤预防试点工作有关问题的通知》（人社厅发〔2009〕108 号）将河南、广东和海南三省 12 市（含广州市）作为第一批（2009—2010 年）国家级工伤预防试点城市，开展工伤预防试点工作，并取得了一定成效。2013 年，国家人社部再次发文《人力资源社会保障部关于进一步做好工伤预防试点工作的通知》（人社部发〔2013〕32 号），进一步扩大试点城市范围和试点内容，并明确工伤预防费主要用于开展工伤预防的宣传、培训以及法律法规规定的其他工伤预防项目，让工伤预防工作的开展有了经费保障。

广州市两度作为国家级工伤预防试点城市，广州市人社局贯彻领悟国家人社部相关工作的指示精神，相继出台了多个操作性较强的配套文件，如《2014年度广州市工伤预防及宣传培训工作方案》《关于联合开展工伤预防工作的通知》，会同广州市财政局制定了《广州市工伤保险专项经费管理办法》，还会同广州市安监局联合印发了《关于开展工伤预防性职业健康检查与监测及工伤康复工作的通知》。广州市人民政府颁发了《广州市工伤保险若干规定》，文件中进一步强调了工伤预防工作在工伤保险中的重要性，从制度上解决了工伤预防经费使用和项目实施中遇到的困难。

根据国家人社部《关于进一步做好工伤预防试点工作的通知》（人社部发〔2013〕32号）和各省、市人力资源和社会保障厅的有关规定，试点城市可先行先试，不断探索工伤预防工作。广州市人社局利用与香港、国际交流频繁这一优势，率先引进国际劳工组织广泛推崇的"参与式职业健康培训项目"和目前在香港和东南亚国家中小型企业广泛开展的"参与式工伤预防持续改善项目"在广州进行试点。为了确保项目的科学性、可行性和有效性，广州市人社局邀请多位行业专家和学者对项目进行了立项前的充分论证。论证结果为：该项目在内地实施具有可行性与实用性，优于传统培训，对中小型企业具有较好的成效。在试点中，还制定了较科学的成效评估体系。2014年广州市人社局从工伤事故发生率高、职业危害因素风险高的二、三类生产性企业中挑选出100家进行试点。通过试点，取得了较好的成绩，参与项目的100家企业工伤发生率由原来的5.61‰下降到2.71‰，减少工伤保险基金直接支出300多万元；员工学习和掌握了更多的工伤预防知识和技能，工伤预防意识和素质明显提高，在日常生产过程中，安全生产行为有了较大的改善；企业对工伤危险因素评估过程中提出的改进措施或改善建议落实较好，90%以上的企业对工作环境进行了改善，安全管理方面逐渐健全了管理制度，更加重视工伤预防方面的培训，成立了专门的工伤预防或安全管理机构，形成了工伤预防持续改善文化。

鉴于此，广州市人社局和广东省工伤康复中心，根据内地企业的特点、员工的整体素质、企业文化和内地政策等，对开展的普思参与式工伤预防持续改善项目进行了总结和提炼，形成了一套更贴近企业需求，投入少、回报高、易实践、有实效的具有内地特色的现场互动与持续改善式工伤预防培训，适用于国内各行业生产性企业，能有效降低工伤事故的发生，稳定企业人才队伍，减轻企业经济负担，提高企业生产效率，促进企业可持续发展和社会的和谐稳定。这对"预防优先、监控危害、保障健康"的工伤预防理念的落实和推广具有非常重要的意义。

二、项目介绍

普思参与式职业健康培训项目（Participatory Occupational Health and Safety Improvement，简称为POHSI或普思）是运用双向互动的模式，鼓励一线员工及各阶层的管理人员积极参与培训与环境改善，并着重培训后的跟进工作，推动企业内部工伤预防持续发展。该项目是国际劳工组织知名学者小木和孝博士从人体工效学角度所设计的职业健康培训模式，其理念为在鼓励一线员工与班组长尽可能参与职业健康改善的同时，也注重培训效率与可实践性。

现场互动与持续改善式工伤预防培训项目是借鉴"参与式职业健康培训"模式和香港的"普思参与式工伤预防持续改善项目"，并根据我国实际情况发展出的一套以低成本、高回报、易实践、有实效为特点的工伤预防培训方法。它是将现场工伤危险因素风险评估、工伤预防知识互动式培训、工伤预防管理体制建设等措施有效结合起来，通过专业技术人员现场指导和培训，企业基层员工及管理人员共同参与培训和提升，建立具有针对性强、效果更优的工伤预防管理体制，创新企业安全文化，形成工伤预防持续改善文化，以提升企业预防工伤和职业病的能力，降低工伤及职业病事故的发生率，提高工伤保险基金的有效覆盖率，减少基金支出，并最终形成一套科学、合理、高效及可推广的工伤预防培训教育模式。

在香港广为流传的普思参与式持续改善项目主要包括6个流程：企业工作环境现场评估、员工职业安全健康调查、一线员工和班组长参与式培训、企业工伤预防导师培训、企业工伤预防委员会培训、工伤预防委员会的成立和持续跟踪回访。这套项目确实对企业有帮助，但是在对内地的推广过程中遇到了很多困难，无法全部套用，主要表现在：一是项目实施周期过长，整套项目实施下来大约需要企业一个星期的时间来配合；二是项目的工作流程和培训内容相对固定，不够灵活；三是对部分培训方式，内地企业员工接受程度低；四是培训内容与内地企业的需求有冲突；五是培训时间与企业生产时间冲突；六是地域内外不同习惯和文化差异的冲突。

因此，广州市经过 13 年反复实践，总结经验，吸取香港的"普思参与式持续改善项目"精髓（如培训前必须进行员工的职业健康调查、企业工伤危险因素的评估、在评估和培训中充分调动员工的积极性、培养工伤预防持续改善文化等），形成了具有广州特色的"现场互动与持续改善式工伤预防培训项目"（以下简称"互动与持续改善工伤预防项目"）。项目实施过程主要包括三大部分：第一部分是工作环境工伤危险因素评估（包括员工职业健康调查、企业工作环境人一机一物一环一料五个方面的评估）。第二部分是互动式培训（该部分分为三步：第一步，对企业班组长、安全员及部分一线员工代表开展工伤预防意识、工伤危险因素识别和防护能力提升的培训；第二步，重点对企业安全生产负责人、安全主管进行工伤预防知识培训、工伤危险因素风险评估能力提升；第三步，指导企业负责人、安全管理人员、企业培训老师和班组长对一线员工开展工伤预防培训及能力提升，即企业工伤预防培训导师培训，相关专业技术服务部门给予监督、技术支持和培训效果评估）。第三部分是持续协助企业培训导师，或指导企业成立工伤预防委员会，支持工作开展。

三、项目意义

互动与持续改善工伤预防项目是广州市人社局与广东省工伤康复中心结合当前工伤预防试点工作的实际和需求，积极探索、大胆尝试取得的成果。在开展该项目的过程中，广州市人社局紧紧围绕"工伤保险三大职能之首，抓好工伤预防，促进安全生产"这一目标开展工作，力争达到以下目的：

（一）积极探索工伤预防试点项目遴选机制。现阶段，我国的工伤预防工作仍处于试点阶段，在工伤预防专项经费的使用范围和项目上还有待明确，在选择和开展工伤预防试点项目上各地还未建立起成熟的工作机制。工伤预防基金专项制度的建设尚处于起步阶段，没有形成系统规范的计提制度和使用管理模式。在互动式工伤预防培训项目立项前，广州市人社局充分发挥智囊团、专家库的作用，组织相关部门领导、科研院校和行业专家对该项目的科学性、可行性、有效性进行充分论证并提出改善建议，在专家论证可行的前提下予以立项，开始试点并逐步推广，服务于广大劳动者。

（二）健全工伤预防试点项目的工作机制。根据国家人社部要求，应逐渐健全"在工伤预防试点项目的选择上，坚持政府主导、专业机构具体实施""在实施机构的选择上坚持公开招标"的工作制度，并将其具体化。因此，在该项目的实施过程中，应在项目立项、工作方案制定方面，坚持政府主导、专业机构具体实施；项目实施机构可通过公开招标或委托形式确定。

（三）探索建立工伤预防项目成效评估体系和工作机制。《关于进一步做好工伤预防试点工作的通知》（人社部发〔2013〕32号）明确要求工伤预防项目的开展应建立成效评估办法和体系。对于互动与持续改善项目，应针对培训员工工伤预防知识知晓率、意识和行为，企业工作环境改善情况，工伤事故发生率，工伤保险基金支出额，社会效益等方面建立成效评估体系和工作机制。

（四）探索建立具有中国特色的、高效实用的工伤预防培训模式。当前，安全生产监督管理部门、工伤保险行政和经办部门因人手少、日常工作多，基本上只能针对企业管理层进行培训，其培训内容也以政策、法律法规和前沿的专业技能为主，难以为一线员工与班组长进行工伤预防或各行业各工种工伤危险因素排查培训，更不可能一一深入企业，而现实是一线员工与班组长是工伤事故的主体。在我国，尤其是中小型企业在工伤预防工作方面普遍存在工伤危险因素识别能力不足，工伤预防培训方法单一枯燥，培训能力有限，培训内容针对性、实用性不强，工伤预防管理制度不完善等问题。因此，要做好工伤预防工作，减少事故的发生，必须由政府主导，工伤预防专业机构具体实施，企业积极配合，做到"工伤预防抓两头，一头抓企业负责人，一头抓实际操作人"，确保企业安全生产。

第二章 项目实施

第一节 实施前准备

工伤预防培训项目是国家人社部出台的相关规定中明确可以开展的培训项目，各地人力资源和社会保障行政与经办机构可以根据预算金额大小与当地实际情况组织招标或委托专业机构来实施。在项目实施过程中，应坚持"人力资源和社会保障相关部门主导、专业机构具体实施、企业配合与积极参与"的原则，根据各地实际需求，针对工伤事故发生率高、职业风险高的行业、企业或工种以进行工伤危险因素评估、互动式培训、持续跟踪回访与督促改善相结合的形式综合开展工伤预防工作。

项目实施前要充分与企业沟通，了解企业所属行业的性质、规模、产品、生产工艺、工种、工艺流程、存在的职业危害等情况，根据所了解的情况，有针对性地派出不同专业技术人员，并带好工伤危险因素评估所需的仪器设备及相关调查问卷，前往企业开展工伤危险因素风险评估工作（项目实施前调查问卷模板见本章附表1—3）。调查问卷需要根据企业实际和工作环境风险评估后的情况有针对性地发放。调查内容涉及项目实施前的企业职业健康安全资料，员工工伤保险知识、安全生产常识、职业健康常识等知识储备与培训情况。

相关专业术语：

职业病： 各国法律都有对于职业病防治方面的规定，一般来说，只有符合法律规定的疾病才能称为职业病。在我国，根据《中华人民共和国职业病防治法》

规定：职业病是指企业、事业单位和个体经济组织等用人单位的劳动者在职业活动中，因接触粉尘、放射性物质和其他有毒、有害物质等因素而引起的疾病。

在生产劳动中，接触生产中使用或产生的有毒化学物质、粉尘气雾、异常的气象条件、高低气压、噪声、振动、辐射、细菌、霉菌，长期强迫体位操作，局部组织器官持续受压等，均可引起职业病，一般将这类职业病称为广义的职业病。对其中某些危害性较大，诊断标准明确，结合国情，由政府有关部门审定公布的职业病，称为狭义的职业病，或称法定（规定）职业病。

职业病危害因素，又称职业性危害因素：在职业活动中产生和（或）存在的、可能对职业人群健康、安全和作业能力造成不良影响的因素或条件，包括化学、物理、生物等因素。

危险源：指一个系统中具有潜在能量和物质释放危险的、可造成人员伤害、在一定的触发因素作用下可转化为事故的部位、区域、场所、空间、岗位、设备及其位置。它的实质是具有潜在危险的源点或部位，是爆发事故的源头，是能量、危险物质集中的核心，是能量从那里传出来或爆发的地方。危险源存在于确定的系统中，不同的系统范围，危险源的区域也不同。例如，从全国范围来说，对于危险行业（如石油、化工等）具体的一个企业（如炼油厂）就是一个危险源。而从一个企业系统来说，可能是某个车间、仓库就是危险源。一个车间系统可能是某台设备是危险源。因此，分析危险源应按系统的不同层次来进行。一般来说，危险源可能存在事故隐患，也可能不存在事故隐患，对于存在事故隐患的危险源一定要及时加以整改，否则随时都可能导致事故。

危险源由三个要素构成：潜在危险性、存在条件和触发因素。危险源的潜在危险性是指一旦触发事故，可能带来的危害程度或损失大小，或者说危险源可能释放的能量强度或危险物质量的大小。危险源的存在条件是指危险源所处的物理、化学状态和约束条件状态。例如，物质的压力、温度、化学稳定性，盛装压力容器的坚固性，周围环境障碍物等情况。触发因素虽然不属于危险源的固有属性，但它是危险源转化为事故的外因，而且每一类型的危险源都有相应的敏感触发因素。如易燃、易爆物质，热能是其敏感的触发因素；又如压力容器，压力升高是其敏感触发因素。因此，一定的危险源总是与相应的触发因素相关联。在触发因素的作用下，危险源转化为危险状态，继而转化为事故。

工业生产作业过程的危险源一般分为 7 类：

1. 化学品类：毒害性、易燃易爆性、腐蚀性等危险物品。

2. 辐射类：放射源、射线装置、电磁辐射装置等。

3. 生物类：动物、植物、微生物（传染病病原体类等）等危害个体或群体生存的生物因子。

4. 特种设备类：电梯、起重机械、锅炉、压力容器（含气瓶）、压力管道、客运索道、大型游乐设施、场（厂）内专用机动车。

5. 电气类：高电压或高电流、高速运动、高温作业、高空作业等非常态、静态、稳态装置或作业。

6. 土木工程类：建筑工程、水利工程、矿山工程、铁路工程、公路工程等。

7. 交通运输类：汽车、火车、飞机、轮船等。

危险源辨识：危险源辨识就是识别危险源并确定其特性的过程。危险源辨识不但包括对危险源的识别，而且必须对其性质加以判断。

危险源辨识方法：国内外已经开发出的危险源辨识方法有几十种之多，如安全检查表、预危险性分析、危险和操作性研究、故障类型和影响性分析、事件树分析、故障树分析、LEC 法、储存量比对法等。

风险评估：指在风险事件发生之前或之后（但还没有结束），该事件给人们的生活、生命、财产等各个方面造成的影响和损失的可能性进行量化评估的工作。即风险评估就是量化测评某一事件或事物带来的影响或损失的可能程度。

危险和有害因素：可对人造成伤亡、影响人的身体健康甚至导致疾病的因素。

根据《生产过程和有害因素分类与代码》（GB/T 13861—2009）的规定，将生产过程危险和有害因素分为四大类，分别是人的因素、物的因素、环境因素、管理因素。生产过程危险和有害因素分类与代码见表 2—1。

表 2—1　　　　　　　　　　生产过程危险和有害因素分类与代码表

代码	名称	说明
1	人的因素	
11	心理、生理性危险和有害因素	
1101	负荷超限	
110101	体力负荷超限	指易引起疲劳、劳损、伤害等的负荷超限
110102	听力负荷超限	
110103	视力负荷超限	
110199	其他负荷超限	
1102	健康状况异常	指伤、病期等
1103	从事禁忌作业	
1104	心理异常	
110401	情绪异常	
110402	冒险心理	
110403	过度紧张	
110499	其他心理异常	
1105	辨识功能缺陷	
110501	感知延迟	
110502	辨识错误	
110599	其他辨识功能缺陷	
1199	其他心理、生理性危险和有害因素	
12	行为性危险和有害因素	
1201	指挥错误	
120101	指挥失误	包括生产过程中的各级管理人员的指挥
120102	违章指挥	
120199	其他指挥错误	
1202	操作错误	
120201	误操作	
120202	违章操作	
120299	其他操作错误	
1203	监护失误	

续表

代码	名称	说明
1299	其他行为性危险和有害因素	包括脱岗等违反劳动纪律行为
2	**物的因素**	
21	物理性危险和有害因素	
2101	设备、设施、工具、附件缺陷	
210101	强度不够	
210102	刚度不够	
210103	稳定性差	抗倾覆、抗位移能力不够。包括重心过高、底座不稳定、支撑不正确等
210104	密封不良	指密封件、密封介质、设备辅件、加工精度、装配工艺等缺陷以及磨损、变形、气蚀等造成的密封不良
210105	耐腐蚀性差	
210106	应力集中	
210107	外形缺陷	
210108	外露运动件	指设备、设施表面的尖角利棱和不应有的凹凸部分等
210109	操纵器缺陷	指人员易触及的运动件
210110	制动器缺陷	指结构、尺寸、形状、位置、操纵力不合理及操纵器失灵、损坏等
210111	控制器缺陷	
210199	设备、设施、工具、附件等其他缺陷	
2102	防护缺陷	
210201	无防护	
210202	防护装置、设施缺陷	指防护装置、设施本身安全性、可靠性差，包括防护装置、设施、防护用品损坏、失效、失灵等
210203	防护不当	指防护装置、设施和防护用品不符合要求、使用不当。不包括防护距离不够
210204	支撑不当	包括矿井、建筑施工支护不符合要求

续表

代码	名称	说明
210205	防护距离不够	指设备布置、机械、电气、防火、防爆等安全距离不够和卫生防护距离不够等
210299	其他防护缺陷	
2103	电伤害	
210301	带电部位裸露	指人员易触及的裸露带电部位
210302	漏电	
210303	静电和杂散电流	
210304	电火花	
210399	其他电伤害	
2104	噪声	
210401	机械性噪声	
210402	电磁性噪声	
210403	流体动力性噪声	
210499	其他噪声	
2105	振动危害	
210501	机械性振动	
210502	电磁性振动	
210503	流体动力性振动	
210599	其他振动危害	
2106	电离辐射	包括 χ 射线、γ 射线、α 粒子、β 粒子、中子、质子、高能电子束等
2107	非电离辐射	
210701	紫外辐射	
210702	激光辐射	
210703	微波辐射	
210704	超高频辐射	
210705	高频电磁场	
210706	工频电场	
2108	运动物伤害	

续表

代码	名称	说明
210801	抛射物	
210802	飞溅物	
210803	坠落物	
210804	反弹物	
210805	土、岩滑动	
210806	料堆（垛）滑动	
210807	气流卷动	
210899	其他运动物伤害	
2109	明火	
2110	高温物体	
211001	高温气体	
211002	高温液体	
211003	高温固体	
211099	其他高温物体	
2111	低温物体	
211101	低温气体	
211102	低温液体	
211103	低温固体	
211199	其他低温物体	
2112	信号缺陷	
211201	无信号设施	指应设信号设施处无信号，如无紧急撤离信号等
211202	信号选用不当	
211203	信号位置不当	
211204	信号不清	指信号量不足，如响度、亮度、对比度、时间维持时间不够
211205	信号显示不准	包括信号显示错误、显示滞后或超前
211299	其他信号缺陷	
2113	标志缺陷	
211301	无标志	

续表

代码	名称	说明
211302	标志不清晰	
211303	标志不规范	
211304	标志选用不当	
211305	标志位置缺陷	
211399	其他标志缺陷	
2114	有害光照	包括直射光、反射光、眩光、频闪效应等
2199	其他物理性危险和有害因素	
22	化学性危险和有害因素	根据 GB 13690 中的规定
2201	爆炸品	
2202	压缩气体和液化气体	
2203	易燃液体	
2204	易燃固体、自燃物品和遇湿易燃物品	
2205	氧化剂和有机过氧化物	
2206	有毒品	
2207	放射性物品	
2208	腐蚀品	
2209	粉尘与气溶胶	
2299	其他化学性危险和有害因素	
23	生物性危险和有害因素	
2301	致病微生物	
230101	细菌	
230102	病毒	
230103	真菌	
230199	其他致病微生物	
2302	传染病媒介物	
2303	致害动物	
2304	致害植物	
2399	其他生物性危险和有害因素	

续表

代码	名称	说明
3	**环境因素**	包括室内、室外、地上、地下（如隧道、矿井）、水上、水下等作业（施工）环境
31	室内作业场所环境不良	
3101	室内地面滑	指室内地面、通道、楼梯被任何液体、熔融物质润湿，结冰或有其他易滑物等
3102	室内作业场所狭窄	
3103	室内作业场所杂乱	
3104	室内地面不平	
3105	室内梯架缺陷	包括楼梯、阶梯、电动梯和活动梯架，以及这些设施的扶手、扶栏和护栏、护网等
3106	地面、墙和天花板上的开口缺陷	包括电梯井、修车坑、门窗开口、检修孔、孔洞、排水沟等
3107	房屋地基下沉	
3108	室内安全通道缺陷	包括无安全通道，安全通道狭窄、不畅等
3109	房屋安全出口缺陷	包括无安全出口、出口设置不合理等
3110	采光照明不良房屋安全出口缺陷	指照度不足或过强、烟尘弥漫影响照明等
3111	作业场所空气不良	指自然通风差、无强制通风、风量不足或气流过大、缺氧、有害气体超限等
3112	室内温度、湿度、气压不适	
3113	室内给排水不良	
3114	室内涌水	
3199	其他室内作业场所环境不良	
32	室外作业场地环境不良	
3201	恶劣气候与环境	包括风、极端的温度、雷电、大雾、冰雹、暴雨雪、洪水、浪涌、泥石流、地震、海啸等
3202	作业场地和交通设施湿滑	包括铺设好的地面区域、阶梯、通道、道路、小路等被任何液体、熔融物质润湿，冰雪覆盖或有其他易滑物等
3203	作业场地狭窄	

续表

代码	名称	说明
3204	作业场地杂乱	
3205	作业场地不平	包括不平坦的地面和路面，有铺设的、未铺设的、草地、小鹅卵石或碎石地面和路面
3206	航道狭窄、有暗礁或险滩	
3207	脚手架、阶梯和活动梯架缺陷	包括这些设施的扶手、扶栏和护栏、护网等
3208	地面开口缺陷	包括升降梯井、修车坑、水沟、水渠等
3209	建筑物和其他结构缺陷	包括建筑中或拆毁中的墙壁、桥梁、建筑物，筒仓、固定式粮仓、固定的槽罐和容器，屋顶、塔楼等
3210	门和围栏缺陷	包括大门、栅栏、畜栏和铁丝网等
3211	作业场地基础下沉	
3212	作业场地安全通道缺陷	包括无安全通道，安全通道狭窄、不畅等
3213	作业场地安全出口缺陷	包括无安全出口、出口设置不合理等
3214	作业场地光照不良	指光照不足或过强、烟尘弥漫影响光照等
3215	作业场地空气不良	指自然通风差或气流过大、作业场地缺氧、有害气体超限等
3216	作业场地温度、湿度、气压不适	
3217	作业场地涌水	
3299	其他室外作业场地环境不良	不包括以上室内、室外作业环境已列出的有害因素
33	地下（含水下）作业环境不良	
3301	隧道/矿井顶面缺陷	
3302	隧道/矿井正面或侧壁缺陷	
3303	隧道/矿井地面缺陷	
3304	地下作业面空气不良	包括通风差或气流过大、缺氧、有害气体超限等
3305	地下火	
3306	冲击地压	指井巷（采场）周围的岩石（如煤体）等物质在外载作用下产生的变形能，当力学平衡状态受到破坏时，瞬间释放，将岩体、气体、液体急剧、猛烈抛（喷）出造成严重破坏的一种井下动力现象

代码	名称	说明
3307	地下水	
3308	水下作业供氧不当	
3399	其他地下（含水下）作业环境不良	
39	其他作业环境不良	
3901	强迫体位	指生产设备、设施的设计或作业位置不符合人类工效学要求，而易引起作业人员疲劳、劳损或事故的一种作业姿势
3902	综合性作业环境不良	显示有两种以上作业环境致害因素，且不能分清主次的情况
3999	以上未包括的其他作业环境不良	
4	**管理因素**	
41	职业安全卫生组织机构不健全	包括组织机构的设置和人员的配置
42	职业安全卫生责任制未落实	
43	职业安全卫生管理规章制度不完善	
4301	建设项目"三同时"制度未落实	
4302	操作规程不规范	
4303	事故应急预案及响应缺陷	
4304	培训制度不完善	
4399	其他职业安全卫生管理规章制度不健全	包括隐患管理、事故调查处理等制度不健全
44	职业安全卫生投入不足	
45	职业健康管理不完善	
49	其他管理因素缺陷	

职业风险：指在执业过程中具有一定发生频率并由该职业者承受的风险，包括经济风险、政治风险、法律风险和人身风险。如因职业暴露产生的各种职业损伤、高负荷工作带来的精神压力、工作过失导致的法律责任等都属于职业风险的范畴。

附表 1：

企业职业健康安全资料表

企业名称：＿＿＿＿＿＿＿＿＿＿＿＿＿＿＿＿＿

调查日期：＿＿＿＿年＿＿月＿＿日

调查属：培训前□　回访□

请根据企业最近一年的情况填写下表。本调查旨在了解企业职业健康安全基本状况，此数据将会绝对保密，问卷结果只作研究之用。

1. 工厂资产总值＿＿＿＿万元，缴税额＿＿＿＿万元，利润＿＿＿＿万元；

工厂上年平均员工数＿＿＿＿人，工厂每周固定工作天数＿＿＿＿天；

工厂为工人购买工伤保险的总数＿＿＿＿人和缴纳工伤保险费总额＿＿＿＿万元。

2. 上一年工厂就职业健康与安全方面投入的费用情况（单位：万元）

总投入费用	组织管理机构和管理人员的费用	安全隐患整改费	个人防护用品费用	其他费用

3. 工厂的员工是否能就职业健康和安全方面向上级提出改善意见？

□是　□否

若有，请填写下表：

	提出改善意见的例数	企业采纳或部分采纳的例数
一线生产员工		
班组长		
车间领导或企业领导		

4. 工厂在过去一年是否曾发生过工伤或急性损伤事件？

□是　□否

若有，请填写下表：

工伤汇总表（包括未上报社保的）

	工伤总数	损失总费用	各工伤级别例数											
			未够级别	一级	二级	三级	四级	五级	六级	七级	八级	九级	十级	死亡
员工														
劳务工														

5. 一线生产员工每天平均工作时间_____小时。

（1）一线生产员工是否需要轮班：　□是　□否

（2）一线生产员工是否需要加班：　□是　□否

6. 工厂内部有没有设立职业安全管理机构（或者安环部）？

□是　□否

如有，成立了_____年，有_____名成员，平均_____召开一次会议。

7. 工厂是否派人员参加过其他有关职业健康安全的管理培训活动？

□是　□否

如有，请详述。

培训项目名称	提供培训的机构名称	工厂参加培训人员数		
		管理人员	车间组长	一线员工

8. 工厂是否有为一线员工提供体检？

□是　□否

若有，_____一次。

9. 最近一年内工厂是否就安全生产方面落实相关改善措施？

改善安全生产制度（具体有哪些）	1. 2.
增设安全管理机构（名称）	
其他方面措施（逐条列出）	1. 2.

附表 2—1：

培训前工伤保险知识问卷调查

企业名称：_____　　　姓名：_____　　填写日期：____年__月__日

　　请填写问卷，选择最合适的答案。本调查数据将会绝对保密，结果仅作科学研究之用。

　　1. 基本情况

　　1.1 性别：□男　　□女

　　1.2 教育程度：□从没上过学　　□小学　　□初中　　□高中/中专　　□大专或以上

　　1.3 职位：□生产工人　　□班组长　　□车间或企业管理人员

　　2. 工伤情况

　　2.1 你最近 1 年内在本企业内受过工伤吗？　　□是　　□否

　　2.2 如果你最近 1 年内在本企业内受过工伤，分别休养多长时间？（填写下表）

	休养时间	企业所付补偿费用（元）
第一次	___月___天	
第二次	___月___天	
第三次	___月___天	

工伤保险知识

　　1. 企业可以通过哪种方式为员工参加工伤保险？

　　□把参保费用直接发给农民工

　　□按照项目参保，施工项目使用的农民工全覆盖

　　2. 参加工伤保险谁交钱？

　　□用人单位缴费，职工个人不缴费

□职工个人缴费

3. 发生工伤后，由谁提出工伤认定申请？

□单位在 1 个月内，或工伤职工、亲属、工会在 1 年内，向人社部门提出

□只能单位提出，个人不可以提出

4. 工伤认定中的劳动关系如何确认？

□必须有书面劳动合同才能确认

□有书面劳动合同可以确认；有工资条、工作证、招工登记表、考勤记录及其他劳动者证言等证据也可以确认

5. 发生工伤后，参保职工可以享受哪些待遇？

□医疗救治、工伤康复、工伤赔偿

□只有伤残津贴

6. 工伤认定时，除需要准备工伤认定申请表、职工本人身份证明，与企业存在劳动关系的证明，还需提供哪些材料？

□初次医疗诊断证明或者职业病诊断证明书（或者职业病诊断鉴定书）

□户口本

附表 2—2：

<h2 align="center">培训前现场急救知识问卷调查</h2>

企业名称：_____   姓名：_____   填写日期：____年__月__日

请填写问卷，选择最合适的答案。本调查数据将会绝对保密，结果仅作科学研究之用。

1. 基本情况

1.1 性别：□男　　□女

1.2 教育程度：□从没上过学　　□小学　　□初中　　□高中/中专　　□大专或以上

1.3 职位：□生产工人　　□班组长　　□车间或企业管理人员

1.4 最近 3 个月平均工资水平（_____元）

2. 工伤情况

2.1 你最近 1 年内在本企业内受过工伤吗？　□是　□否

2.2 如果你最近 1 年内在本企业内受过工伤，分别休养多长时间？（填写下表）

	休养时间	企业所付补偿费用（元）
第一次	___月___天	
第二次	___月___天	
第三次	___月___天	

现场急救知识

1. 知

（1）你所在的企业/工作车间内是否有急救箱？　　　　　　□是　□否

（2）你认为意外伤害是可以预防的吗？　　　　　　　　　□是　□否

（3）你认为"只要对岗位中的各种操作技术足够熟练，我就不会发生伤害"的说法正确吗？　　　　　　　　　　　　　　　　　　　□是　□否

（4）你是否掌握常用意外伤害急救技能，如包扎、心肺复苏等？□是　□否

2. 信

（1）做好意外伤害急救措施能有效减轻伤害程度。

□非常不认同　□不认同　□无所谓　□认同　□非常认同

（2）当发生较轻的割伤、刺伤时，不需要进行处理，伤口会自行愈合。

□非常不认同　□不认同　□无所谓　□认同　□非常认同

（3）如果只是擦破皮，流了点血，贴个创可贴就行了，而对相对大一点的小伤口，则可用清洁的透气纱布包扎。

□非常不认同　□不认同　□无所谓　□认同　□非常认同

（4）当脚踝关节发生扭伤时，应第一时间用冰敷受伤部位。

□非常不认同　□不认同　□无所谓　□认同　□非常认同

3. 行

（1）当发生割伤流血时，你会及时包扎止血处理。　　□是　□否

（2）遇到被生锈铁钉刺伤时，你会去打破伤风针。　　□是　□否

（3）遇到心脏骤停的伤者，你会尽自己所能对其进行心肺复苏。□是　□否

（4）遇到紧急情况时，你会保持镇定并迅速寻求帮助。　□是　□否

附表 2—3：

培训前安全生产常识问卷调查

企业名称：＿＿＿＿＿＿＿＿＿＿　姓名：＿＿＿＿＿＿　填写日期：＿＿年＿月＿日

请填写问卷，选择最合适的答案。本调查数据将会绝对保密，结果仅作科学研究之用。

1. 基本情况

1.1 性别：□男　□女

1.2 教育程度：□从没上过学　□小学　□初中　□高中/中专　□大专或以上

1.3 职位：□生产工人　□班组长　□车间或企业管理人员

1.4 最近 3 个月平均工资水平（＿＿＿＿＿＿元）

2. 工伤情况

2.1 你最近 1 年内在本企业内受过工伤吗？　□是　□否

2.2 如果你最近 1 年内在本企业内受过工伤，分别休养多长时间？（填写下表）

	休养时间	企业所付补偿费用（元）
第一次	＿＿月＿＿天	
第二次	＿＿月＿＿天	
第三次	＿＿月＿＿天	

安全生产常识

1. 知

（1）特种作业人员必须经过专门的作业培训，并取得操作证后方可上岗。

□是　□否

（2）工人在操作机械设备时必须严格遵守操作规程，才能保证安全生产。

□是　□否

（3）设备在运行过程中出现不良声响，可不立即停机检修，待交班时再告诉班长。

□是　□否

（4）穿肥大的衣服在旋转零件的设备旁作业，属于不安全着装。□是　□否

2. 信

（1）如果领导有违章指挥行为，员工有权拒绝执行。

□非常不认同　□不认同　□无所谓　□认同　□非常认同

（2）货物只要堆放整齐，则高度不受限制。

□非常不认同　□不认同　□无所谓　□认同　□非常认同

（3）个人的不良习惯最容易导致意外事故。

□非常不认同　□不认同　□无所谓　□认同　□非常认同

（4）工作中的危害因素是不可消除的，预防伤害的唯一方法是提醒自己要小心。

□非常不认同　□不认同　□无所谓　□认同　□非常认同

3. 行

（1）如果你想要抽烟，是否会首先观察场所或环境是否允许抽烟，并在抽完烟后按灭烟头。

□是　□否

（2）维护设备时你是否会保证机械设备整齐、清洁、润滑、安全。

□是　□否

（3）当操作切割工具时，你是否会戴上防护眼罩。

□是　□否

（4）当使用新设备时，你是否会要求重新进行安全培训。

□是　□否

附表 3：

培训前员工职业安全健康问卷调查

企业名称：_____ 姓名：_____ 调查日期：____年__月__日

请填写问卷，选择最合适的答案。本调查数据将会绝对保密，结果仅作科学研究之用。

1. 基本情况

1.1 性别：□男 □女

1.2 教育程度：□从没上过学 □小学 □初中 □高中/中专 □大专或以上

1.3 职位：□生产工人 □班组长 □车间或企业管理人员

1.4 最近 3 个月平均工资水平（_____元）

2. 工伤情况

2.1 你最近 1 年内在本企业内受过工伤吗？ □是 □否

2.2 如果你最近 1 年内在本企业内受过工伤，分别休养多长时间？（填写下表）

	休养时间	企业所付补偿费用（元）
第一次	___月___天	
第二次	___月___天	
第三次	___月___天	

机 械 安 全

1. 知

（1）操作皮带带动的机器部件时要佩戴棉手套。 □是 □否

（2）机器运行不正常时，应该拆下机器防护罩进行修理。 □是 □否

（3）适当的警戒线不能预防工人接触机器移动部件或电线。 □是 □否

（4）为预防工伤发生，工作中应注意佩戴个人防护用品。 □是 □否

2. 信

(1) 机器防护装置会给日常工作带来不便。

□不会　□不一定　□不知道　□会

(2) 备用装置应该放在易看见和随手可拿的地方。

□不是　□不一定　□不知道　□是

(3) 如果机器运行正常，就不用定期对机器进行检测和维修。

□不是　□不一定　□不知道　□是

(4) 工人上岗前应接受岗位操作及安全培训。

□不是　□不一定　□不知道　□是

3. 行

(1) 使用新机器前，你会提前阅读机器使用安全说明书，并接受岗前培训。

□是　□否

(2) 当机器出现故障时，你会自己进行维修。　　□是　□否

(3) 如果机器防护装置或防护罩影响到你的工作和生产效率，你会把它卸下来。　　□是　□否

(4) 在操作冲床或是切割机器时，你会借助其他方法或工具来摆放和取出部件。　　□是　□否

工 作 环 境

1. 知

(1) 照明不足会引起视力疲劳，并降低生产效率。　　□是　□否

(2) 加亮区能增加工作台面的亮度，有利于工人生产。　□是　□否

(3) 局部通风设施应该安装在产生危害因素的位置，并尽可能地靠近。

□是　□否

(4) 理想的工作环境是整洁、干净、不受危害因素污染、通风良好的场所。

□是　□否

2. 信

(1) 日光与人造光结合会有效地增加工作场所照度。

□不会　□不一定　□不知道　□会

（2）保持工作场所清洁和免受污染非常重要。

□不是　□不一定　□不知道　□是

（3）局部通风系统不能减少粉尘、化学物和其他危害因素的浓度。

□不是　□不一定　□不知道　□是

（4）工作中的危害因素是不可消除的，预防工伤的唯一方法是提高自己的安全意识。

□不是　□不一定　□不知道　□是

3. 行

（1）工作中使用有毒有害物质时，你会打开窗户和抽风扇来增加自然通风。

□是　□否

（2）即使是进行精确的操作，你也不会使用局部照明来增加照度。

□是　□否

（3）为了保持工作场所和过道的畅通，你会经常挪动材料和其他物品。

□是　□否

（4）你不仅知道消防灭火器的安放位置，还懂得使用方法。　□是　□否

噪 声 控 制

1. 知

（1）噪声是让人讨厌，并使人产生焦虑的声音，对健康有害。　□是　□否

（2）长期暴露于噪声环境中只对听力系统造成损害。　□是　□否

（3）工人可以使用墙板、窗户和声音阻隔板来隔离噪声。　□是　□否

（4）耳罩比耳塞降低噪声的效果更明显。　□是　□否

2. 信

（1）避免过度暴露于噪声环境中，因为噪声对健康有害。

□不是　□不一定　□不知道　□是

（2）在高分贝环境中工作不会影响工作效率。

☐不是　☐不一定　☐不知道　☐是

（3）隔音罩、隔音材料和隔音建筑能阻隔噪声的传播。

☐不是　☐不一定　☐不知道　☐是

（4）佩戴听力防护设备是降低噪声对健康损伤的方法之一。

☐不是　☐不一定　☐不知道　☐是

3. 行

（1）你经常在高分贝的环境中工作且不佩戴耳塞和听力防护用品。

☐是　　☐否

（2）你经常在休息时离开高噪声的工作场所，减少噪声暴露时间。

☐是　　☐否

（3）即使在噪声环境中工作，你也不会定期检查听力。　　☐是　　☐否

（4）在噪声工作环境中，你会要求老板采取降噪措施，并提供防护用品。

☐是　　☐否

粉 尘 预 防

1. 知

（1）粉尘在空气中飘浮的时间越短，你可能吸入的就越少。　　☐是　　☐否

（2）水能使空气中的粉尘沉积，从而减少粉尘的漂浮时间。　　☐是　　☐否

（3）预防工人吸入粉尘最有效的方法是局部抽风和隔离。　　☐是　　☐否

（4）一般的口罩能预防粉尘吸入和尘肺病。　　☐是　　☐否

2. 信

（1）粉尘只会刺激呼吸系统，对身体其他组织没有不良影响。

☐不是　☐不一定　☐不知道　☐是

（2）吸烟能增加接触粉尘作业工人患尘肺病的风险。

☐不是　☐不一定　☐不知道　☐是

（3）局部通风和佩戴防尘口罩能有效地预防尘肺病。

☐不是　☐不一定　☐不知道　☐是

（4）不必要在每天下班后都清洁工作台面上的粉尘。

□不是　□不一定　□不知道　□是

3. 行

（1）当工作场所中有局部通风系统时，你一般不佩戴口罩。　　□是　□否

（2）你会定期更换防尘口罩。　　□是　□否

（3）你会经常用水清洗工作台面，减少粉尘飞扬。　　□是　□否

（4）每天工作后你都会清洗工作台面和工作场所。　　□是　□否

化学品安全

1. 知

（1）化学物质可通过消化道和呼吸道进入人体，但不能通过皮肤进入。

□是　□否

（2）局部通风系统能有效预防化学有害物质吸入。　　□是　□否

（3）口罩、手套和眼罩是预防化学物质进入人体的最后手段。　□是　□否

（4）所有的有机溶剂、涂料、胶合物都应储存于密闭容器中。　□是　□否

2. 信

（1）个人防护用品虽然有时会使你感觉很不舒服，但你仍然会坚持佩戴。

□不是　□不一定　□不知道　□是

（2）通过经验能识别化学品的种类，所以不需要在容器上粘贴标有化学品名称的标签。

□不是　□不一定　□不知道　□是

（3）把毛巾放到面罩里面能更有效地预防化学品吸入。

□不是　□不一定　□不知道　□是

（4）为了方便其他人，使用化学品后可以不盖容器盖子。

□不是　□不一定　□不知道　□是

3. 行

（1）当局部通风系统正常运行时，你经常不戴口罩就使用化学品。

□是　□否

（2）为了方便，你经常不戴手套就取用化学品。　　　□是　　□否

（3）为了预防化学品渗漏，你通常会定期对化学容器瓶进行检查。

　　　　　　　　　　　　　　　　　　　　　　　　　　□是　　□否

（4）使用化学试剂前，你都会阅读使用说明书（MSDS）。　□是　　□否

人体工效学

1. 知

（1）搬运重物时，你常通过增加材料数量来减少搬运次数。　□是　　□否

（2）为了更好的工作，工作平面高度宜调至与肘部平行。　□是　　□否

（3）搬运重物时，应该弯下腰把地面上的重物搬起。　　　□是　　□否

（4）工具箱、操作工具、材料应放在容易拿到的地方。　　□是　　□否

2. 信

（1）由于身体力量有限，搬运较重的货物应该借助升降机或其他设备。

□不是　　□不一定　　□不知道　　□是

（2）好的工作姿势不能有效地预防肌肉劳损。

□不是　　□不一定　　□不知道　　□是

（3）借助夹钳来控制材料不能确保工人的安全和操作的便利。

□不是　　□不一定　　□不知道　　□是

（4）为了重复完成精密的工作，需用手支撑帮助减少疲劳。

□不是　　□不一定　　□不知道　　□是

3. 行

（1）你经常使用手推车或机动货架把材料从一个地方搬运到另外一个地方。

　　　　　　　　　　　　　　　　　　　　　　　　　　□是　　□否

（2）搬运地面重物时，你通常是弯膝直背。　　　　　　□是　　□否

（3）工作完成后，你会取下夹具、夹钳或其他固定工具，并摆放整齐。

　　　　　　　　　　　　　　　　　　　　　　　　　　□是　　□否

（4）你会经常改变工作姿势（站/坐）。　　　　　　　　□是　　□否

第二节　实施机构及人员要求

一、实施机构要求

工伤预防工作是一项政策性强、多学科交叉的系统工作，需要结合工伤保险政策法规、安全生产管理、职业病防治、安全心理学和人力资源管理等各个方面的知识，因此，要确保项目的完成，必须由专业的机构来承担和实施。

工伤预防专业机构应该配备一定数量的安全生产管理、职业卫生、人力资源管理、心理咨询等方面的专业技术人才队伍，能为企业提供专业的工伤危险因素评估服务，并根据企业存在或潜在的事故隐患提供实用性、针对性较强的培训内容；评估和培训后，还应持续跟踪回访企业工伤预防工作的开展情况以及企业具体的改善措施落实情况，最后对收集的数据进行统计学分析，形成一份完整的成效评估报告。

二、工作人员配置要求

现场互动与持续改善式工伤预防培训项目是一项系统的工作，需要健全的工作制度、完整的工作流程、必要的教学教具和培训用模具，拥有一支具有相关专业知识、技能和丰富从业经验的人才队伍才能完成。

项目负责人：项目应配备具有较高学术水平、丰富经验的学科带头人，负责项目的总设计、总协调，对项目的工作巡查报告、培训和回访质量进行总把关，对培训导师的培训以及项目进度进行总体把关。

顾问团：为了确保项目的高效完成，需配备不同领域的专家作为该项目的顾问。

专家库：由安全生产监督部门、人力资源和社会保障等政府部门领导、高校、行业协会和企业安全管理者等具有系统的工伤预防理论水平和丰富的实践经验的专家组成，为项目实施提供技术支持。

职业卫生专业人员：负责企业工作环境巡查中职业卫生方面的评估，工作环境巡查报告的撰写与质量控制，有关职业卫生、职业病危害和职业危害现场处理常识等方面的培训。

安全管理人员：负责企业工作环境巡查中工伤危险因素、安全管理方面的评估，工作环境巡查报告的撰写与质量控制，有关安全管理和安全生产知识培训。

社会工作者：负责与企业的联系、培训后持续跟进和回访工作、问卷调查与录入。

心理咨询师：负责与企业的联系、项目沟通、问卷调查与录入，工作环境巡查报告的撰写，以及心理健康知识方面的培训。

人力资源管理师：由于本项目的企业对接者主要是各企业的人事主管，人力资源管理师负责与企业负责人的洽谈，深入了解企业存在的职业健康安全问题，提供有关人事管理尤其是劳动合同和工伤保险政策、法律法规方面的知识和培训，负责问卷调查与录入，工作环境巡查报告的撰写。

医务人员：负责与企业的联系、项目沟通、问卷调查与录入，工作环境巡查报告的撰写，沟通技巧、应急救援技能等方面的培训。

第三节 实 施 步 骤

现场互动与持续改善式工伤预防培训项目的独特与核心之处在于培训前深入企业，充分了解企业在"人—机—物—环—程"五个方面，即"人—设备—物料—环境—程序"的安全状态，提供具有针对性和实用性强的培训内容，采用互动的培训方式，充分调动企业全体员工参与到工伤预防工作上来，还能持续跟踪和改善企业的工伤预防情况，形成工伤预防持续改善文化。项目的实施主要分成三大步，简称"三步走"：第一步是现场工作环境工伤危险因素评估（含员工工伤预防相关知识问卷调查）；第二步是互动式培训；第三步是持续协助和帮助企业培训导师或工伤预防委员会成员进行现场工伤危险因素评估和工伤预防培训，其中互动式培训又分为三步：第一步，主要针对企业的班组长、安全员及部分企业一线员工代表开展工伤预防培训和能力提升；第二步，重点对各安全生产负责人、安全主管进行工伤预防知识培训、工伤危险因素评估能力提升；第三步，企业导师培训。指导和促进企业负责人、安全管理人员和班组长对一线员工开展工伤预防培训，不断提升他们单独开展工伤危险因素评估和培训的能力，在持续跟踪回访中给予监督、技术支持，并对项目总体效果进行系统评估。"三步走"具体如下：

第一步：工作环境工伤危险因素评估。根据各行业工伤危险因素评估标准，采用问卷调查和访谈形式，了解企业和职工工伤预防知识、信念和行为情况，采用LEC法对企业现场工作环境、仪器设备、规章制度等进行评分，对企业职工工伤预防认知水平、心理情况及职业安全健康情况进行调查，发现企业存在或潜在的职业健康安全问题，提出成本低、投入少、收益高的改善措施，并指导企业制定科学有效的工伤预防管理制度，为后续互动式培训提供素材。该项工作是互动与持续改善项目中最核心和最具有项目特色的工作，保证了互动式培训内容的针对性和实用性。

LEC评价法是对作业环境中具有潜在职业伤害危险源进行半定量的安全评价方法，用于评价操作人员在具有潜在危险性环境中作业时的危险性、危害性。该方法通过与系统风险有关的3种因素指标值的乘积来评价操作人员伤亡风险的大小，这3种因素分别是：L（likelihood，事故发生的可能性）、E（exposure，人员暴露于危险环境中的频繁程度）和C（consequence，一旦发生事故可能造成的后果）。给3种因素的不同等级分别确定不同的分值，再根据3个分值的乘积D（danger，危险性）来评价作业条件危险性的大小，即：

$$D = LEC$$

D值越大，说明该系统危险性越大，需要增加安全措施，或改变发生事故的可能性，或减少人体暴露于危险环境中的频繁程度，或减轻事故损失，直至调整到允许范围内。

第二步：互动式培训。根据工伤危险因素评估结果，制定科学实用、针对性强的培训内容，运用互动式培训方法对一线员工、班组长和企业安全生产管理人员进行不同层次的工伤预防知识培训。首先对一线员工和班组长进行必要的初级工伤预防知识培训，培训内容主要为工伤保险知识、安全生产知识、意外伤害现场急救处理知识、职业危害因素识别与防护知识，让一线员工和班组长熟练掌握与自己岗位息息相关的安全生产、人体工效学和职业危害因素风险评估等知识。其次，通过第一次培训后，有针对地选择具有较好表达能力，自愿成为企业培训导师的班组长或员工代表作为工伤预防委员会成员或工伤预防主要宣传和培训人员，对其进行安全生产管理和培训技巧等知识培训，从而提高他们的沟通能力、培训技巧和安全生产管理水平。最后，根据企业导师培训的情况，协助和督促企业培训导师开展工伤危险因素评估和企业员工内部培训。在项目实施过程中，通过小组讨论、角色互换、案例分享、现身说法等学习方法，充分调动员工的参与性，使培训对象在工伤预防理论知识和技能方面均得到提高，并能运用于实际工作，评估自己和同事工作岗位的工伤危险因素，提出科学合理的改善建议或措施。

第三步：持续跟进回访，协助和帮助企业培训导师或工伤预防委员会成员进行工伤预防工伤危险因素评估和培训。为了形成工伤预防持续改善文化，协助企业建立工伤预防委员会或将工伤预防工作职责委托于类似于工伤预防委员会的组织，该组织成员不仅应具有较好的工伤预防意识、工作岗位风险评估能力，还应具有一定的培训技能和组织协调能力，能组织企业内部员工培训和引导员工开展常规性工伤预防相关活动。该组织的主要作用是为了体现人人都是主人，都是安全管理员的理念，充分调动企业各级员工在工作过程中发现问题，解决问题，提出改善意见和建议的积极性，发挥以点带面的作用，有效推动企业工伤预防工作的可持续发展。

回访中，工伤预防工作人员应在企业正常生产期间，进行前后工作环境现场评估对比，督促企业完成和落实在第一次工作环境工伤危险因素评估报告中所提出的改善建议，同时还应对企业工伤预防委员会运行状况和工伤预防培训导师内部开展培训情况进行至少 6 个月的跟进，了解委员会成员和培训导师掌握评估和培训技能、方法的情况，并予以必要的指导和支持，使工伤预防工作在企业得以持续发展。

第四节　工作流程及要求

现场互动与持续改善式工伤预防培训工作流程：

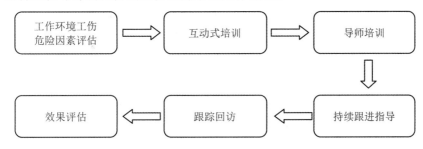

一、现场工作环境工伤危险因素评估

（一）评估目的

现场工作环境工伤危险因素评估是互动与持续改善式工伤预防培训区别于其他培训的关键，如同在培训前给企业进行一次全面的"体检"。评估内容主要是根据企业提供的基本情况，有针对性地对企业工作环境、机械设备、劳动防护、管理制度、人员安排和工艺流程等方面进行详细了解，通过仪器设备检测和采用LEC评价法对各工种进行职业危害评估，就某些安全管理问题或潜在事故隐患提出经济、科学、有效的改进措施，为后续培训和回访奠定基础。

（二）评估前准备

充分与企业沟通，了解企业所属行业、规模、产品、生产流程、有无职业危害等情况，根据所了解情况，有针对性地派出专业人员，带好巡查所需的仪器设备前往评估企业。

（三）评估方式

评估方式主要采用现场观摩、访谈、仪器检测、LEC 评价法等形式。要求被巡查企业填写"企业职业健康安全资料表"（附表 1），以了解企业职业健康安全概况并为成效评估提供基础数据。

（四）评估内容

评估内容包括企业工作环境、机械设备使用和养护情况、劳动防护、人员安排（有无带病上岗或所从事职业禁忌证）、工艺流程和安全管理制度等。

（五）评估人员

应由具备一定经验的工伤预防、安全生产管理专业人员和（或）职业卫生专业人员负责。

（六）评估报告的撰写与保存

完成现场工作环境工伤危险因素评估后 15 个工作日内完成评估报告（"现场工伤危险因素风险评估报告"模板见附表 4），每份报告需评估人、质控组员和项目负责人签字，再打印盖公章，一式三份，一份由企业保存，一份由项目委托方保存，一份由实施方保存，期限为 5 年。

附表4：_____工伤预防培训项目

_____有限公司
现场工伤危险因素风险评估报告

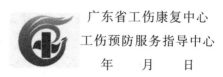

广东省工伤康复中心
工伤预防服务指导中心
年　　月　　日

说　　明

1. 本中心受_____委托，为贵企业提供现场工伤危险因素风险评估服务。

2. 本次评估的目的是为全面评估企业的工伤风险，提供科学、可行的改善建议，有效提高企业的工伤预防水平。

3. 根据职业健康安全管理相关标准、要求，采用 LEC 评价法与现场监测相结合的方法，组织相关专业人员通过辨识危险有害因素，分析危险有害因素可能导致生产安全事故的原因，针对危险有害因素及现场情况，对目前现场设施设备、装置防护措施和车间目前采取的管理措施进行评估，并提出科学、可行的改善建议。

4. 本报告仅针对本次评估结果，解释权归本中心所有。

5. 工伤危险因素风险评估人员：

职责	姓名	擅长专业	签名
报告编写人			
报告审核人			
报告签发人			
其他参与人员			

评估方法介绍

本次评估主要是针对各个工种存在的工伤风险进行评估，采用 LEC 评价法与现场监测相结合的方法。LEC 评价法是对具有潜在危险性作业环境中的危险源进行半定量的安全评价方法。该方法采用与系统风险率相关的 3 个方面指标值之积来评价系统中人员伤亡风险大小。这 3 个方面分别是：

L 为发生事故的可能性大小；

E 为人体暴露在这种危险环境中的频繁程度；

C 为一旦发生事故会造成的损失后果。

1. 评价准则

事故发生的可能性（L）		暴露于危险环境的频繁程度（E）		发生事故产生的后果（C）	
10	完全可以预料	10	连续暴露	100	10 人以上死亡
6	相当可能	6	每天工作时间内暴露	40	3～9 人死亡
3	可能，但不经常	3	每周一次或偶尔暴露	15	1～2 人死亡
1	可能性小，完全意外	2	每月暴露一次	7	严重
0.5	很不可能，可以设想	1	每年暴露几次	3	重大，伤残
0.2	极不可能	0.5	非常罕见暴露	1	引人注意
0.1	实际不可能				

2. 危险因素类别

根据《企业职工伤亡事故分类标准》，综合考虑起因物、导致事故的原因、致伤物和伤害方式等，将危险因素分为 20 类：物体打击、车辆伤害、机械伤害、起重伤害、触电、淹溺、灼烫、火灾、高处坠落、坍塌、冒顶片帮、透水、放炮、火药爆炸、瓦斯爆炸、锅炉爆炸、容器爆炸、其他爆炸、中毒和窒息、其他伤害。

风险分值 $D＝LEC$。D 值越大，说明该系统危险性越大，需要增加安全措施，或改变发生事故的可能性，或减少人体暴露于危险环境中的频繁程度，或减轻事故损失，直至调整到允许范围内。

D 值	危险程度
$D \geqslant 320$	极其危险，不能继续作业
$160 \leqslant D < 320$	高度危险，要立即整改
$70 \leqslant D < 160$	显著危险，需要整改
$20 \leqslant D < 70$	一般危险，需要注意
< 20	稍有危险，可以接受

企业基本情况

企业名称：_____

企业地址：_____

联 系 人：_____　　联系电话：_____

评估时间：_____　　评估人员：_____

主要产品：_____

工 人 数：_____　　厂房面积：_____

主要工艺流程：_____

生产工艺：_____

评估工种一览表

序号	工种名称	所在车间	同工种人数
1			
2			
3			

评估结果概述

此次共巡查____个车间____个工种。工伤危险因素有噪声、粉尘、高温、疲劳损伤、压伤、其他意外伤害等。针对这些危害因素，采用 LEC 法结合实际情况评分，并进行危险程度分级，显著危险（$70 \leqslant D < 160$）或以上（$D \geqslant 160$）的危险因素有_____个，具体如下：

序号	工种	危险因素	危害得分	风险级别
1				
2				
3				
4				

显著危险（$70 \leqslant D < 160$）或以上（$D \geqslant 160$）的危险因素视为危险较高的情况，需要进行相应的改善，以避免发生工伤事故。明细表中列有改善建议，可供企业参考。

一般危险（$20 \leqslant D < 70$）及以下（$D < 20$）的危险因素视为可以接受的情况，但日常工作须注意，可暂不进行改善。一般危险的危险因素有＿＿个，稍有危险的因素（$D < 20$）有＿＿＿个，具体如下：

序号	工种	危险因素	危害得分	风险级别
1				
2				
3				

附件：各工种 LEC 法评估分析表

_____作业条件危险性分析表

车间名称：_____

工作内容：_____ 同工种人数：_____

序号	危险因素	以往发生事故情况	造成的后果	员工暴露频率	现有风险控制措施	风险度 D			D值	危险度分级	建议改进风险控制措施
						可能性 L	频繁程度 E	后果 C			
1						10 ☐ 6 ☐ 3 ☐ 1 ☐ 0.5 ☐ 0.2 ☐ 0.1 ☐	10 ☐ 6 ☐ 3 ☐ 2 ☐ 1 ☐ 0.5 ☐	100 ☐ 40 ☐ 15 ☐ 7 ☐ 3 ☐ 1 ☐			
2						10 ☐ 6 ☐ 3 ☐ 1 ☐ 0.5 ☐ 0.2 ☐ 0.1 ☐	10 ☐ 6 ☐ 3 ☐ 2 ☐ 1 ☐ 0.5 ☐	100 ☐ 40 ☐ 15 ☐ 7 ☐ 3 ☐ 1 ☐			

附检测报告（如噪声、粉尘、照度等）

被测单位：_____　　地　　址：_____

样品名称：_____　　采样方式：_____

样品编号：_____　　检测日期：_____

检测项目：_____　　检测数量：_____

检测依据：_____

评价依据：_____

检测仪器：_____

检测结论与评价：

（本页以下空白）

　　　　　　　　　　　　　　　　　　　　　　单位：

　　　　　　　　　　　　　　　　　　　　　　年　　　月　　　日

编制：　　　　审核：　　　　批准（职务）：　　　　（科主任）

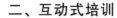
二、互动式培训

(一) 培训目的

通过培训使企业管理者、班组长和一线员工高度认识到工伤预防的重要性，在日常工作中遵纪守法、遵守规章制度，正确穿戴劳动防护用品，强化安全防护意识，改善行为习惯，防止事故发生，或万一发生事故时具备应急处理能力，降低工伤及职业病的发生率，或减轻工伤及职业病对员工的伤害程度。通过培训前后培训对象填写的多项调查问卷（见本章附表 1、2、3、5、6）作为重要的培训成效评估依据。

(二) 培训对象

培训对象包括企业的管理人员、班组长及一线员工，尤其是职业危害和工伤事故发生率较高的企业员工。

(三) 培训内容

根据企业工作环境巡查所了解到的情况、结合企业管理者和员工的要求，针对企业当前最急需、最实用和亟须改善的有关"人—物—环境—管理"4 个方面的内容展开培训。如工伤保险及工伤预防政策法规、职业危害的防治（如噪声的危害及防治、粉尘危害及防治、高空作业的防护、机械操作防护、化学品中毒处理等）、院前急救常识（如切割伤、四肢骨折、烧烫伤、中暑、晕厥、休克、心肌梗死和脑中风的应急处理以及徒手心肺复苏术等常识）、心理健康和压力管理、消防演练、现场紧急处置、安全管理新知识、培训技巧、加强沟通与表达能力等。

(四) 培训方式

主要采用情景模拟、案例分析、故事说理、现身说法、小游戏、小组讨论和角色互换等互动式培训方式，最大限度地调动培训对象的积极性。

（五）培训人数

每次培训人数为 40～100 人，培训人数较多时，同时派出多名培训导师作为助教，在分组讨论和小游戏时与主讲老师同步。

（六）培训效果了解

对培训人员进行相关知识培训后，通过问卷调查了解他们的知识、信念和行为改变情况（填写附表 5、6）。

附表 5—1：

培训后工伤保险知识问卷调查

企业名称：＿＿＿＿＿＿＿＿＿＿　　姓名：＿＿＿＿＿＿　　填写日期：＿＿年＿月＿日

请填写问卷，选择最合适的答案。本调查数据将会绝对保密，结果仅作科学研究之用。

1. 基本情况

1.1 性别：□男　□女

1.2 教育程度：□从没上过学　□小学　□初中　□高中/中专　□大专或以上

1.3 职位：□生产工人　□班组长　□车间或企业管理人员

2. 对本次培训的评价

2.1 你认为哪一部分对你最有帮助？

□小组讨论　□导师讲课　□模拟巡查评估　□劳动防护用品佩戴示范　□小游戏

2.2 培训后，你对工伤保险知识有了一定的了解。

□认同　□不认同　□不知道

2.3 培训后，你识别和分析危害因素的能力得到了提高。

□认同　□不认同　□不知道

2.4 培训后，你知道一旦发生工伤后将如何申请工伤认定。

□认同　□不认同　□不知道

2.5 培训后，你知道工伤保险是为了缓解企业的风险，维护员工的利益。

□非常不认同　□不认同　□无所谓　□认同　□非常认同

2.6 培训后，你认为政府还是在努力为员工的安全健康和权益保障考虑的。

□非常不认同　□不认同　□无所谓　□认同　□非常认同

2.7 你愿意介绍其他工友来参加这类知识的培训吗？

□不愿意　□可能　□愿意　□不知道

工伤保险知识

1. 企业可以通过哪种方式为员工参加工伤保险？

□把参保费用直接发给农民工

□按照项目参保，施工项目使用的农民工全覆盖

2. 参加工伤保险谁交钱？

□用人单位缴费，职工个人不缴费

□职工个人缴费

3. 发生工伤后，由谁提出工伤认定申请？

□单位在 1 个月内，或工伤职工、亲属、工会在 1 年内，向人社部门提出

□只能单位提出，个人不可以提出

4. 工伤认定中的劳动关系如何确认？

□必须有书面劳动合同才能确认

□有书面劳动合同可以确认；有工资条、工作证、招工登记表、考勤记录及其他劳动者证言等证据也可以确认

5. 发生工伤后，参保职工可以享受哪些待遇？

□医疗救治、工伤康复、工伤赔偿

□只有伤残津贴

6. 工伤认定时，除需要准备工伤认定申请表、职工本人身份证明，与企业

存在劳动关系的证明，还需提供哪些材料？

　　□初次医疗诊断证明或者职业病诊断证明书（或者职业病诊断鉴定书）

　　□户口本

附表 5—2：

培训后现场急救知识问卷调查

企业名称：_____　　姓名：_____　　填写日期：____年__月__日

　　请填写问卷，选择最合适的答案。本调查数据将会绝对保密，结果仅作科学研究之用。

　　1. 基本情况

　　1.1 性别：□男　□女

　　1.2 教育程度：□从没上过学　□小学　□初中　□高中/中专　□大专或以上

　　1.3 职位：□生产工人　□班组长　□车间或企业管理人员

　　2. 对本次培训的评价

　　2.1 你认为哪一部分对你最有帮助？

　　□小组讨论　□导师讲课　□模拟巡查评估　□劳动防护用品佩戴示范　□小游戏

　　2.2 培训后，你的职业健康安全知识得到了提高。

　　□认同　□不认同　□不知道

　　2.3 培训后，你识别和分析危害因素的能力得到了提高。

　　□认同　□不认同　□不知道

　　2.4 培训后，你学会了正确使用必要的劳动防护用品。

　　□认同　□不认同　□不知道

　　2.5 培训后，你有信心帮助和指导其他工友学习工作中的健康与安全知识。

　　□非常不认同　□不认同　□无所谓　□认同　□非常认同

2.6 培训后，你更有信心就工作中的健康与安全问题向管理者提出建议或意见。

□非常不认同　□不认同　□无所谓　□认同　□非常认同

2.7 你愿意介绍其他工友来参加这类关于职业健康与安全的培训吗？

□不愿意　□可能　□愿意　□不知道

现场急救知识

1. 知

（1）你所在的企业/工作车间内是否有急救箱？　　　　　　　　□是　□否

（2）你认为意外伤害是可以预防的吗？　　　　　　　　　　　□是　□否

（3）你认为"只要对岗位中的各种操作技术足够熟练，我就不会发生伤害"的说法正确吗？　　　　　　　　　　　　　　　　　　□是　□否

（4）你是否掌握常用意外伤害急救技能，如包扎、心肺复苏等？□是　□否

2. 信

（1）做好意外伤害急救措施能有效减轻伤害程度。

□非常不认同　□不认同　□无所谓　□认同　□非常认同

（2）当发生较轻的割伤、刺伤时，不需要进行处理，伤口会自行愈合。

□非常不认同　□不认同　□无所谓　□认同　□非常认同

（3）如果只是擦破皮，流了点血，贴个创可贴就行了，而对相对大一点的小伤口，则可用清洁的透气纱布包扎。

□非常不认同　□不认同　□无所谓　□认同　□非常认同

（4）当脚踝关节发生扭伤时，应第一时间用冰敷受伤部位。

□非常不认同　□不认同　□无所谓　□认同　□非常认同

3. 行

（1）当发生割伤流血时，你会及时包扎止血处理。　　　　　　□是　□否

（2）遇到被生锈铁钉刺伤时，你会去打破伤风针。　　　　　　□是　□否

（3）遇到心脏骤停的伤者，你会尽自己所能对其进行心肺复苏。□是　□否

（4）遇到紧急情况时，你会保持镇定并迅速寻求帮助。　　　　□是　□否

附表 5—3：

培训后安全生产常识问卷调查

企业名称：＿＿＿＿＿＿＿＿＿　姓名：＿＿＿＿＿　填写日期：＿＿年＿月＿日

请填写问卷，选择最合适的答案。本调查数据将会绝对保密，结果仅作科学研究之用。

1. 基本情况

1.1 性别：□男　□女

1.2 教育程度：□从没上过学　□小学　□初中　□高中/中专　□大专或以上

1.3 职位：□生产工人　□班组长　□车间或企业管理人员

2. 对本次培训的评价

2.1 你认为哪一部分对你最有帮助？

□小组讨论　□导师讲课　□模拟巡查评估　□劳动防护用品佩戴示范　□小游戏

2.2 培训后，你的职业健康安全知识得到了提高。

□认同　□不认同　□不知道

2.3 培训后，你识别和分析危害因素的能力得到了提高。

□认同　□不认同　□不知道

2.4 培训后，你学会了正确使用必要的劳动防护用品。

□认同　□不认同　□不知道

2.5 培训后，你有信心帮助和指导其他工友学习工作中的健康与安全知识。

□非常不认同　□不认同　□无所谓　□认同　□非常认同

2.6 培训后，你更有信心就工作中的健康与安全问题向管理者提出建议或意见。

□非常不认同　□不认同　□无所谓　□认同　□非常认同

2.7 你愿意介绍其他工友来参加这类关于职业健康与安全的培训吗？

□不愿意　　□可能　　□愿意　　□不知道

安全生产常识

1. 知

（1）特种作业人员必须经过专门的作业培训，并取得操作证后方可上岗。

　　　　　　　　　　　　　　　　　　　　　　　　　　□是　　□否

（2）工人在操作机械设备时必须严格遵守操作规程，才能保证安全生产。

　　　　　　　　　　　　　　　　　　　　　　　　　　□是　　□否

（3）设备在运行过程中出现不良声响，可不立即停机检修，待交班时再告诉班长。　　　　　　　　　　　　　　　　　　　　　　□是　　□否

（4）穿肥大的衣服在旋转零件的设备旁作业，属于不安全着装。□是　　□否

2. 信

（1）如果领导有违章指挥行为，员工有权拒绝执行。

□非常不认同　　□不认同　　□无所谓　　□认同　　□非常认同

（2）货物只要堆放整齐，则高度不受限制。

□非常不认同　　□不认同　　□无所谓　　□认同　　□非常认同

（3）个人的不良习惯最容易导致意外事故。

□非常不认同　　□不认同　　□无所谓　　□认同　　□非常认同

（4）工作中的危害因素是不可消除的，预防伤害的唯一方法是提醒自己要小心。

□非常不认同　　□不认同　　□无所谓　　□认同　　□非常认同

3. 行

（1）如果你想要抽烟，是否会首先观察场所或环境是否允许抽烟，并在抽完烟后按灭烟头。　　　　　　　　　　　　　　　　　　□是　　□否

（2）维护设备时你是否会保证机械设备整齐、清洁、润滑、安全。

　　　　　　　　　　　　　　　　　　　　　　　　　　□是　　□否

（3）当操作切割工具时，你是否会戴上防护眼罩。　　　□是　　□否

（4）当使用新设备时，你是否会要求重新进行安全培训。　　　□是　□否

附表6：

培训后员工职业安全健康问卷调查

企业名称：_____　　姓名：_____　　填写日期：____年__月__日

请填写问卷，选择最合适的答案。本调查数据将会绝对保密，结果仅作科学研究之用。

1. 基本情况

1.1 性别：□男　□女

1.2 教育程度：□从没上过学　□小学　□初中　□高中/中专　□大专或以上

1.3 职位：□生产工人　□班组长　□车间或企业管理人员

2. 对本次培训的评价

2.1 你认为哪一部分对你最有帮助？

□小组讨论　□导师讲课　□模拟巡查评估　□劳动防护用品佩戴示范　□小游戏

2.2 培训后，你的职业健康安全知识得到了提高。

□认同　□不认同　□不知道

2.3 培训后，你识别和分析危害因素的能力得到了提高。

□认同　□不认同　□不知道

2.4 培训后，你学会了正确使用必要的劳动防护用品。

□认同　□不认同　□不知道

2.5 培训后，你有信心帮助和指导其他工友学习工作中的健康与安全知识。

□非常不认同　□不认同　□无所谓　□认同　□非常认同

2.6 培训后，你更有信心就工作中的健康与安全问题向管理者提出建议或意见。

□非常不认同　□不认同　□无所谓　□认同　□非常认同

2.7 你愿意介绍其他工友来参加这类关于职业健康与安全的培训吗？

□不愿意　□可能　□愿意　□不知道

机 械 安 全

1. 知

（1）操作皮带带动的机器部件时要佩戴棉手套。　　　　　　　□是　　□否

（2）机器运行不正常时，应该拆下机器防护罩进行修理。　　　□是　　□否

（3）适当的警戒线不能预防工人接触机器移动部件或电线。　　□是　　□否

（4）为预防工伤发生，工作中应注意佩戴个人防护用品。　　　□是　　□否

2. 信

（1）机器防护装置会给日常工作带来不便。

□不会　□不一定　□不知道　□会

（2）备用装置应该放在易看见和随手可拿的地方。

□不是　□不一定　□不知道　□是

（3）如果机器运行正常，就不用定期对机器进行检测和维修。

□不是　□不一定　□不知道　□是

（4）工人上岗前应接受岗位操作及安全培训。

□不是　□不一定　□不知道　□是

3. 行

（1）使用新机器前，你会提前阅读机器使用安全说明书，并接受岗前培训。

□是　　□否

（2）当机器出现故障时，你会自己进行维修。　　　　　　　　□是　　□否

（3）如果机器防护装置或防护罩影响到你的工作和生产效率，你会把它卸下

来。　　　　　　　　　　　　　　　　　　　　　　　　　　□是　　□否

（4）在操作冲床或是切割机器时，你会借助其他方法或工具来摆放和取出部

件。　　　　　　　　　　　　　　　　　　　　　　　　　　□是　　□否

工　作　环　境

1. 知

（1）照明不足会引起视力疲劳，并降低生产效率。　　　□是　　□否

（2）加亮区能增加工作台面的亮度，有利于工人生产。　　□是　　□否

（3）局部通风设施应该安装在产生危害因素的位置，并尽可能地靠近。

　　　　　　　　　　　　　　　　　　　　　　　　　　　□是　　□否

（4）理想的工作环境是整洁、干净、不受危害因素污染、通风良好的场所。

　　　　　　　　　　　　　　　　　　　　　　　　　　　□是　　□否

2. 信

（1）日光与人造光结合会有效地增加工作场所照度。

□不会　　□不一定　　□不知道　　□会

（2）保持工作场所清洁和免受污染非常重要。

□不是　　□不一定　　□不知道　　□是

（3）局部通风系统不能减少粉尘、化学物和其他危害因素的浓度。

□不是　　□不一定　　□不知道　　□是

（4）工作中的危害因素是不可消除的，预防工伤的唯一方法是提高自己的安全意识。

□不是　　□不一定　　□不知道　　□是

3. 行

（1）工作中使用有毒有害物质时，你会打开窗户和抽风扇来增加自然通风。

　　　　　　　　　　　　　　　　　　　　　　　　　　　□是　　□否

（2）即使是进行精确的操作，你也不会使用局部照明来增加照度。

　　　　　　　　　　　　　　　　　　　　　　　　　　　□是　　□否

（3）为了保持工作场所和过道的畅通，你会经常挪动材料和其他物品。

　　　　　　　　　　　　　　　　　　　　　　　　　　　□是　　□否

（4）你不仅知道消防灭火器的安放位置，还懂得使用方法。　□是　　□否

噪 声 控 制

1. 知

（1）噪声是让人讨厌，并使人产生焦虑的声音，对健康有害。　□是　□否

（2）长期暴露于噪声环境中只对听力系统造成损害。　□是　□否

（3）工人可以使用墙板、窗户和声音阻隔板来隔离噪声。　□是　□否

（4）耳罩比耳塞降低噪声的效果更明显。　□是　□否

2. 信

（1）避免过度暴露于噪声环境中，因为噪声对健康有害。

□不是　□不一定　□不知道　□是

（2）在高分贝环境中工作不会影响工作效率。

□不是　□不一定　□不知道　□是

（3）隔音罩、隔音材料和隔音建筑能阻隔噪声的传播。

□不是　□不一定　□不知道　□是

（4）佩戴听力防护设备是降低噪声对健康损伤的方法之一。

□不是　□不一定　□不知道　□是

3. 行

（1）你经常在高分贝的环境中工作且不佩戴耳塞和听力防护用品。

□是　□否

（2）你经常在休息时离开高噪声的工作场所，减少噪声暴露时间。

□是　□否

（3）即使在噪声环境中工作，你也不会定期检查听力。　□是　□否

（4）在噪声工作环境中，你会要求老板采取降噪措施，并提供防护用品。

□是　□否

粉 尘 预 防

1. 知

(1) 粉尘在空气中飘浮的时间越短，你可能吸入的就越少。　□是　□否

(2) 水能使空气中的粉尘沉积，从而减少粉尘的漂浮时间。　□是　□否

(3) 预防工人吸入粉尘最有效的方法是局部抽风和隔离。　□是　□否

(4) 一般的口罩能预防粉尘吸入和尘肺病。　□是　□否

2. 信

(1) 粉尘只会刺激呼吸系统，对身体其他组织没有不良影响。

□不是　□不一定　□不知道　□是

(2) 吸烟能增加接触粉尘作业工人患尘肺病的风险。

□不是　□不一定　□不知道　□是

(3) 局部通风和佩戴防尘口罩能有效地预防尘肺病。

□不是　□不一定　□不知道　□是

(4) 不必要在每天下班后都清洁工作台面上的粉尘。

□不是　□不一定　□不知道　□是

3. 行

(1) 当工作场所中有局部通风系统时，你一般不佩戴口罩。　□是　□否

(2) 你会定期更换防尘口罩。　□是　□否

(3) 你会经常用水清洗工作台面，减少粉尘飞扬。　□是　□否

(4) 每天工作后你都会清洗工作台面和工作场所。　□是　□否

化学品安全

1. 知

(1) 化学物质可通过消化道和呼吸道进入人体，但不能通过皮肤进入。

　□是　□否

(2) 局部通风系统能有效预防化学有害物质吸入。　□是　□否

（3）口罩、手套和眼罩是预防化学物质进入人体的最后手段。　□是　□否

（4）所有的有机溶剂、涂料、胶合物都应储存于密闭容器中。　□是　□否

2. 信

（1）个人防护用品虽然有时会使你感觉很不舒服，但你仍然会坚持佩戴。

□不是　□不一定　□不知道　□是

（2）通过经验能识别化学品的种类，所以不需要在容器上粘贴标有化学品名称的标签。

□不是　□不一定　□不知道　□是

（3）把毛巾放到面罩里面能更有效地预防化学品吸入。

□不是　□不一定　□不知道　□是

（4）为了方便其他人，使用化学品后可以不盖容器盖子。

□不是　□不一定　□不知道　□是

3. 行

（1）当局部通风系统正常运行时，你经常不戴口罩就使用化学品。

□是　□否

（2）为了方便，你经常不戴手套就取用化学品。　□是　□否

（3）为了预防化学品渗漏，你通常会定期对化学容器瓶进行检查。

□是　□否

（4）使用化学试剂前，你都会阅读使用说明书（MSDS）。　□是　□否

人体工效学

1. 知

（1）搬运重物时，你常通过增加材料数量来减少搬运次数。　□是　□否

（2）为了更好的工作，工作平面高度宜调至与肘部平行。　□是　□否

（3）搬运重物时，应该弯下腰把地面上的重物搬起。　□是　□否

（4）工具箱、操作工具、材料应放在容易拿到的地方。　□是　□否

2. 信

（1）由于身体力量有限，搬运较重的货物应该借助升降机或其他设备。

□不是　　□不一定　　□不知道　　□是

（2）好的工作姿势不能有效地预防肌肉劳损。

□不是　　□不一定　　□不知道　　□是

（3）借助夹钳来控制材料不能确保工人的安全和操作的便利。

□不是　　□不一定　　□不知道　　□是

（4）为了重复完成精密的工作，需用手支撑帮助减少疲劳。

□不是　　□不一定　　□不知道　　□是

3. 行

（1）你经常使用手推车或机动货架把材料从一个地方搬运到另外一个地方。

□是　　□否

（2）搬运地面重物时，你通常是弯膝直背。　　　　　　　　□是　　□否

（3）工作完成后，你会取下夹具、夹钳或其他固定工具，并摆放整齐。

□是　　□否

（4）你会经常改变工作姿势（站/坐）。　　　　　　　　　　□是　　□否

三、企业工伤预防导师培训

（一）培训对象的筛选

互动式工伤预防导师培训的主要目的是为企业培养一批能够自行组织开展互动式工伤预防培训的人员。因此，应在企业内选择具有一定年资、一定知识背景和工作经验，对企业生产状况、车间环境及安全情况足够熟悉的基层管理人员及车间安全管理人员或其他职能科室人员担任。

（二）培训内容

培训内容包括培训导师的要求，培训导师的成长之路，互动式培训方法概述及技巧，所在行业常用工伤预防知识，模拟互动式工伤预防培训练习等。培训他们成为导师，并督促他们对下属员工进行培训，实现以点带面、全员受益。

（三）培训方式

主要采用互动式方式进行培训。有授课点评、小组讨论、案例分析、演习、模拟、小游戏等方式。

（四）培训场地要求及物品准备

满足培训需要的培训场地、计算机、投影仪、幕布、音响设备、麦克风、翻页笔、签字笔、签到表、《现场互动与持续改善式工伤预防培训导师手册》、调查问卷等。

（五）培训导师要求

由具有 5 年以上互动式工伤预防培训经验的培训导师授课。

四、持续跟进回访

（一）跟进及回访方式

电话跟进，邮件、QQ、微信等网络方式跟进，现场实地回访。

（二）跟进及回访内容

工作环境工伤危险因素风险评估报告所提的工作环境改善建议落实情况；企业员工工伤发生情况；企业工伤预防互动式培训及其他工伤预防活动开展情况；工伤预防委员会运行情况；其他工伤预防相关情况（6 个月或 1 年后回访，应再次填写调查问卷以作对比观察，模板见本章附表 1、5、6）。

（三）跟进及回访频率

每个季度至少进行一次电话或网络跟进；每年至少进行一次现场回访。

（四）跟进及回访记录

每次电话或网络跟进后，必须将跟进情况进行登记；每次现场回访后，必须撰写回访报告。

（五）形成工伤预防持续改善文化

对部分中小型企业，未设立安全管理部门（安全管理部、安全环保处、安全技术处、安全科、安全生产部、工会等）承担工伤预防部门的企业，应积极协助他们建立企业工伤预防委员会，并培训工伤预防委员会成员，协助委员会初期的日常运作。对于已经设立相关安全管理部门的企业，可把工伤预防工作职责委托于相应的职能部门，增补职责与一线员工代表，积极推进企业工伤预防工作的开展，定期监督管理。

第三章　工作环境工伤危险因素评估

第一节　风险评估通用方法与内容

一、员工安全生产认知情况评估

通过问卷调查和企业现场走访，了解企业员工对工伤保险政策知识、安全生产认知程度和职业病防治知识的掌握程度，为培训内容提供素材，确保培训内容的针对性和实用性。

二、安全生产评估

（一）识别物的不安全状态

物的不安全状态包括机器、设备、工具、场地和环境等的缺陷。

1. 巡查评估设备、设施设计上是否存在缺陷，机器过度运转，出现故障未及时修复或维修不当等危险因素。

2. 识别防护措施和安全装置存在的风险，如未安装防护装置、无报警装置或应急按钮、防护装置未设置或安装不当、无安全警示标识、无防护栏、电气设备未接地等。

3. 识别工作场所中存在的危险因素，如安全通道是否畅通、厂房建筑是否符合国家标准、车间是否符合设计要求、生产线布局是否科学合理、机器装置和用具配置是否存在缺陷、机器部分的固定不牢、物件放置不当和堆放凌乱等。

4. 防护用品、用具存在的问题，如缺乏必要的个人防护用品、用具，个人防护用品佩戴不正确，防护用品、用具不合格等。

（二）识别人的不安全行为

1. 操作不当、忽视安全及警告。如不按照操作规程操作机械设备，机器运行超速，未经许可开动、关闭设备等。

2. 人为地使安全装置失效，如关闭安全装置开关，拆除安全防护罩等。

3. 评估员工是否在机械设备运行时对其进行加油、维修、调整、焊接和清洁等。

4. 评估员工使用防护用品、用具情况。如个人防护用品未佩戴，选择不合适的防护用品，操作有旋转部件的设备时佩戴手套等。

5. 识别其他不安全行为。如工作中用手代替工具，注意力不集中，在车间内奔跑等。

（三）心理健康安全因素评估

不少心理现象对安全生产能产生很大影响。因此，研究心理现象并采取相应对策，是保证安全生产的重要工作。通过问卷调查评估员工心理状态，了解员工有无自我表现心理、从众心理、逆反心理、反常心理等。同时，心理问题常常与性格、情绪有关，受家庭、社会、教育及生理等方面的影响，如夫妻吵架、熬夜打游戏、疾病、家庭突发事件等，从而扰乱正常生产秩序。

（四）管理制度评估

评估企业安全生产管理制度是否健全完善，有无缺失。工艺流程是否科学、合理、规范。

（五）环境评估

评估工作环境的通风、照明是否满足工作需要，消防通道是否畅通，工作环境是否干净、整洁等。

第二节　常见工伤事故风险评估

一、高处坠落

国家标准 GB/T 3608—2008《高处作业分级》规定："凡在坠落高度基准面 2 m 以上（含 2 m）有可能坠落的高处进行作业，都称为高处作业。"高处作业主要指登高作业，高处安装、维护、拆除等，常见于建筑行业。作业高度越高，潜在危险越大。

（一）引发高处坠落的原因

1. 安全带低挂高用或是未佩戴。

2. 高处作业上下抛投工具、材料或杂物。

3. 高处作业不使用工具袋。

4. 精力不集中，工伤预防意识淡薄。

（二）风险评估内容

1. 物的不安全状态

（1）高处作业安全防护措施评估。

评估攀登作业、悬空作业、操作台作业、交叉作业中存在的各种危险因素；现场分析临边作业防护栏设置情况，洞口作业遮盖物设置情况，防护门设置、阻挡栏及架设安全网存在的危险因素。

（2）防护用品使用情况。

1）查看组件是否完整、无短缺、无伤残破损；

2）查看绳索、编带是否无脆裂、断股或扭结；

3）查看金属配件是否无裂纹、焊接无缺陷、无严重锈蚀；

4）查看挂钩的钩舌咬口平整是否不错位，保险装置是否完整可靠、操作灵活；

5）查看铆钉是否无明显偏位，表面平整；

6）查看 D 形环是否损坏与变形；

7）查看工具带或工具包携带情况。

2. 人的不安全行为

评估工作人员身体状态是否正常，高处作业中精力是否充足、注意力是否集中、反应是否迟钝、是否有禁止参与高处作业的禁忌证等。

二、机械事故的伤害

（一）机械伤害常见现象

1. 旋转的机械部件与作业者之间无安全距离，容易发生卷住头发、发套、衣服袖口或者下摆等事故。

2. 工件装夹不牢，在加工过程中甩出伤人。

3. 设备故障没有及时维修，带病运转。

4. 工伤预防意识薄弱。

（二）风险评估内容

1. 机械的不安全状态

（1）缺乏防护、保险、信号警示标识等装置。

（2）设备、设施、工具等附件有缺陷。常见设备调整不良，设备失修、保养不当，设备失灵等。

2. 人的不安全行为

未佩戴个人防护用品、用具。如防护服、手套、护目镜及面镜等；精力不集中，情绪不稳定；操作流程不完备；安全管理制度不健全；工伤预防培训不到位。

3. 作业场所环境差

比如照明光线不足，通风不良，布局杂、乱、狭窄等。

三、触电事故

（一）触电事故的特点

1. 季节性明显，每年二、三季度事故多发，尤其是 6—9 月，事故最为集中。

2. 低压设备触电事故多。

3. 携带式设备和移动式设备触电事故多。

4. 电气连接部位触电事故多。如缠结接头、压接接头等。

5. 野外作业事故多。

6. 具有行业特点。

（二）触电类型

1. 电击

电击是电流对人体组织的伤害，是最危险的一种伤害。大约 85％ 以上的触电死亡事故都是由电击造成的。

2. 电伤

电伤是由电流的热效应对人体造成的伤害。尽管大部分触电死亡事故是由电击造成的，但其中大部分都含有电伤成分在里面。

（三）风险评估内容

车间工作场所狭窄、物件乱摆乱堆、光线不足，又有移动式电气设备和电缆，许多电气设备还是手工操作，因此，存在直接电击触电或间接电击触电的风险。

常见的存在电击风险的危险因素有：

1. 工作场所铺设的电缆不悬挂标识牌。在电缆、电气设备维修时，可能因为记忆不清误接、错接、误送电而引发火灾和电击危害。

2. 未按国家规范要求设计或安装检漏装置。

3. 在设备和线路运行中缺乏必要的检修维护，使设备或线路存在的接头松脱、绝缘老化等问题未被及时发现，造成因设备或线路漏电导致人员触电。

4. 没有设置必要的电气安全技术措施（如接地保护、漏电检测、绝缘监视、安全电压、等电位联结等）。

5. 设置了必要的电气安全技术措施，但缺乏定期检测和维护，使得电气安全技术措施失效。

6. 不按操作程序带负荷（特别是感性负荷）切断灭弧失效（灭弧罩缺失）的闸刀开关，瞬间产生的电弧烧伤操作人员的手和面部，严重者或致双眼失明。

7. 电气设备运行安全管理制度不完善。停、送电不严格执行工作制度，在电气线路和设备检修中不挂警示牌或设专人看护，导致误合闸，造成电气维修人员电击触电。

8. 专业电工、机电设备操作人员操作失误，或违章作业等造成的电击触电伤害。

9. 照明线路有剥皮端头、接头没有进行绝缘护封现象，容易造成电击触电伤害。

四、火灾及爆炸事故

（一）火灾及爆炸事故特点

1. 严重性。火灾和爆炸事故的后果往往比较严重。

2. 复杂性。发生火灾和爆炸事故的原因往往比较复杂，诱发因素较多。

3. 突发性。火灾和爆炸事故往往在人们意想不到的时候突然发生，缺乏事故监测报警等手段，人们对火灾和爆炸事故的规律及其征兆了解和掌握不够。

（二）火灾及爆炸类型

1. 火灾可分为可燃气体火灾、可燃液体火灾、固体可燃物火灾、电气火灾和金属火灾 5 类。

2. 爆炸种类包括可燃性气体、爆炸、粉尘爆炸、爆炸性混合物爆炸、锅炉爆炸等。

（三）引起火灾的原因

1. 吸烟引起事故。

2. 使用、运输、存储易燃易爆气体、液体、粉尘时引起事故。

3. 使用明火引起事故。有些工作需要在生产现场动用明火，因管理不当引起事故。

4. 静电引起事故。在生产过程中，有许多工艺会产生静电。例如，用汽油洗涤、皮带在皮带轮上旋转摩擦、油槽在行走时油类在容槽内晃动等，都能产生静电。人们穿的化纤服装，在与人体摩擦时也能产生静电。

5. 电气设施使用、安装、管理不当引起事故。例如，超负荷使用电气设施，引起电流过大；电气设施的绝缘破损、老化；电气设施安装不符合防火防爆的要求等。

6. 物质自燃引起事故。例如煤堆的自燃，堆积的废油布的自燃等。

7. 雷击引起事故。雷击具有很大的破坏力，它能产生高温和高热，引起火灾爆炸。

8. 压力容器、锅炉等设备及其附件带故障运行或管理不善引起事故。

（四）风险评估内容

1. 化学品在装车、卸车过程中存在较多的易燃物质，若操作控制处理不当，出现险情有可能发生化学性爆炸，甚至发生难以扑救且对周边危害较大的火灾爆炸。

2. 易燃易爆品接触火源，如火柴、打火机等火源的带入、动明火、电气焊作业等极易引燃泄漏在地面的油品或引爆弥漫在空气中的化学品蒸气。

3. 在爆炸危险区内乱拉电线，电器、电线老化，配管、接线松动或脱落，电气设施损坏，违反操作规程等。

4. 工作人员存在违章操作。

5. 交叉作业等。

五、起重机械伤害

（一）起重机械伤害原因

1. 起重机械伤害主要发生在大型机械制造业和建筑行业，如作业人员未经培训上岗，不熟悉起重机操作或在突发事件时不能及时应对。

2. 起重机械未设有安全装置。

3. 起重机械未严格检验或工作前未认真检查。

4. 起重机械未能严格做到定期维修、检验、保养。

5. 不遵守操作规程，违章操作或超重操作。

6. 未严格执行安全交接班制度。

（二）风险评估内容

1. 操作起重机械的工作人员是否经过系统培训考试合格，并做到持证上岗；操作规程是否明确。

2. 起重机械是否按要求安装了安全防护装置。

3. 起重机械是否严格执行定期维修、检验和保养制度。

4. 操作起重机械是否执行了严格交接班制度。

5. 操作人员身体和心理状态是否适合操作起重机械。

六、焊接（气割）技术安全与防护措施

焊接和切割是船舶工业、机械制造和加工中一项非常重要的工艺技术，属于特种作业。焊接人员每天与电流、氧气、乙炔打交道，如果思想不重视，安全措施不落实，操作不当，或者劳动组织不合理，不懂得或不掌握安全操作知识，极易发生触电、火灾、爆炸或灼伤事故。

（一）气焊、气割作业的不安全因素

在气焊、气割操作过程中存在着发生爆炸、火灾、烫伤和中毒等不安全因素。

气焊和气割所用的乙炔、丙烯等都是易燃易爆气体，氧气属助燃剂；氧气瓶、乙炔瓶和乙炔发生器都属于压力容器。由于气焊和气割操作过程中需要与可燃气体和压力容器接触，同时又使用明火，如果焊接设备或安全装置有缺陷，或者违反操作规程，就有可能造成火灾爆炸事故。

在气焊火焰的作用下，尤其是气割时氧气射流的喷射，使火星、熔珠、铁渣等四溅，容易造成人体的灼伤事故；如果铁渣、熔珠飞溅到可燃易燃物品上，易引发火灾和爆炸。

气焊、气割的火焰温度可高达 3 000℃以上，焊接过程中有可能形成对人体有毒有害的气体，尤其是在狭小舱室、密闭容器和管道内的气焊操作，可能造成焊工中毒。

交叉作业容易导致火灾或爆炸等事故。

（二）焊割工具的安全要求

1. 氧气瓶安全使用要求

（1）氧气瓶严禁油脂污染。

（2）氧气瓶内气体不得用尽，需保留 0.1～0.2 兆帕压力，防止其他可燃气体进入氧气瓶内。

（3）气瓶清洗时严禁用火烘烤、敲打，应用热气或蒸汽解冻。

（4）气瓶不得靠近热源、电源，必须远离明火作业点 10 米以外，夏季氧气瓶不得受日光暴晒，需有遮阳设施。

（5）氧气瓶不得与其他易爆气瓶紧靠在一起使用，一般应保持 5 米以上距离。

（6）严禁将氧气作压缩空气，不得用氧气来吹风纳凉。

2. 使用焊炬的安全要求

（1）点火前必须检查设备性能是否正常，各连接部件或阀门是否漏气。

（2）检查是否漏气，确定正常后才可点火。点火时应先开乙炔阀门，点着后立即开启氧气阀门并调整火焰。

（3）停止作业时，应先关乙炔阀门，后关闭氧气阀门，以防回火。回火时应先关氧气阀门，然后关乙炔阀门。

（4）使用过程中，如气体管道或阀门有漏气现象，应及时修理。

（5）焊嘴温度不能过高，如过高需用水冷却。

（6）焊炬各部分不得沾污油脂。

（7）焊炬停用时应挂在适当地方，或拔下橡皮管，将焊炬放入工具箱内，严禁将接气源的焊炬放在工具箱内。

（8）密闭舱室作业中途休息、班后，必须及时将氧、乙炔胶管拉出舱外。

3. 使用割炬的安全要求类同于焊炬，但还需要注意使切割嘴保持通畅、清洁、光滑，切割前应先清除工件表面的锈污，同时垫高工件，以防锈皮爆溅伤人。

（三）电弧焊的不安全因素

电弧焊操作时由于多种原因可能发生触电、火灾、爆炸、烫伤、弧光辐射和中毒等事故。造成这些事故的主要因素有：

1. 焊工与电接触多。如更换焊条时手直接接触电极，而空载电压有 60～90 伏，一旦电器有故障、防护用品有缺陷或违反操作规程等，都有可能发生触电事故。尤其在容器、管道、船舱和钢架等处操作，周围都是金属导体，触电危险性更大。

2. 焊弧的高温。焊弧的温度可高达 4 000～6 000℃，因此，焊弧不仅能引起可燃易爆物品的燃爆，还能使金属熔化、飞溅，构成危险火源。

3. 焊机或线路发生短路、超负荷等引起电火花和高温。

4. 焊条和焊件在电弧高温作用下，发生蒸发、气化和凝结，产生大量有害烟尘。

5. 空气在弧光强烈辐射作用下，产生大量臭氧、氮氧化物等有毒气体。

6. 弧光对人体的直接辐射，可引起人体组织发生急性或慢性的损伤。

（四）发生焊接触电事故的主要原因

1. 手或身体接触焊条、焊钳或焊枪的带电部位时，脚或其他部位对地面或金属结构之间绝缘不好。在金属管道内或在阴雨潮湿地方进行焊接时，易发生触电事故。

2. 手或身体碰到裸露而带电的接线头。常见接触接线柱、导线、极板或绝缘失效、破皮的电线。

3. 手或身体碰到绝缘材料已损坏的焊机绕组。

4. 保护接地或保护接零系统不完善。

5. 接线错误。如电源火线与零线错接，高压电源接入低压部分等。

由上可见，电焊触电大都是防护措施不到位所致。因此，只要思想上高度重视，采取有效的安全措施，电焊触电事故是可以避免的。

（五）焊接安全操作技术

为了消除电焊的不安全因素和避免触电事故的发生，焊工应按下列几点要求进行电焊操作：

1. 焊接前，应先检查焊机设备和工具是否安全，如焊机接地及各接线点接触是否良好，焊接电缆绝缘外套有无破损等。

2. 改变焊机接头、更换焊件需要改接二次回线、转移工作地点、更换熔丝及焊机发生故障需检修等，都必须切断电源后才能进行。

3. 更换焊条时，焊工应戴绝缘手套。

4. 在金属容器内（如船舱、管道等）、金属结构上及其他狭小工作场所焊接时，触电的危险性最大，必须采取专门的防护措施。如采用橡皮垫、戴绝缘手套、穿绝缘鞋等，以保障焊工身体和焊件间绝缘。禁止使用简易、无绝缘外壳的电焊钳。

5. 焊工在任何情况下，都不得将身体、动物及机器设备的传动部分作为焊接回路的一部分，以防焊接大电流造成触电伤亡事故。

6. 加强个人防护。焊工个人防护用品包括完好的工作服、绝缘手套、绝缘鞋及绝缘垫板等。

7. 电焊设备的安装、修理和检查必须由电工进行，焊工不得擅自拆修设备和更换熔丝。

（六）"十不焊割"规定

1. 焊工未经安全技术培训考试合格，领取操作证者，不能焊割。

2. 在重点要害部门和重要场所，未采取措施，未经单位有关领导、车间、安全保卫部门批准和办理动火手续者，不能焊接。

3. 在容器内工作，没有 12 V 低压照明、通风不良及无人在外监护的，不能焊割。

4. 未经领导同意，车间、部门擅自拿来的物件，在不了解其使用情况和构造的情况下，不能焊割。

5. 盛装过易燃、易爆气体（固体）的容器管道，未经碱水等彻底清洗和处理消除火灾爆炸危险因素的，不能焊割。

6. 用可燃材料作保温层、隔热、隔音设备的部位，未采取可靠的安全措施的，不能焊割。

7. 有压力的管道或密闭容器（如空气压缩机、高压气瓶、高压管道、带气锅炉等），不能焊割。

8. 焊接场所附近有易燃物品，未作清除或未采取安全措施的，不能焊割。

9. 在禁火区内（防爆车间、危险品仓库附近）未采取严格隔离等安全措施的，不能焊割。

10. 一定距离内有与焊割明火操作相抵触的工种（如汽油擦洗、喷漆、灌装汽油等能产生大量易燃气体）不能焊割。

第三节　职业危害因素风险评估

职业危害因素所造成的职业性损伤不仅包括意外事故导致的伤害，还包括长期接触职业危害因素导致的职业病，人们习惯将工作过程中导致的意外伤害称为工伤，将职业病危害因素导致的身体致残或影响正常功能的工伤称为职业病。发生职业病的原因有很多，如工人缺乏工伤预防知识、不注意防护、存在麻痹侥幸的心理，或饮酒、药物、疲劳和精神心理等因素都有影响。各种职业性危害因素主要存在于不良工作场所中，按其来源可分为 3 类。

一、生产过程中产生的有害因素

（一）化学因素：有毒物质，如铅、汞、氯、一氧化碳、有机磷农药等；生产性粉尘，如矽尘、石棉尘、煤尘、有机粉尘等。

（二）物理因素：异常气象条件，如高温、高湿、高气压、低气压等；噪声、振动；射频、微波、红外线、紫外线；X 射线、γ 射线等。

（三）生物因素：如附着在皮肤上的布氏杆菌、炭疽杆菌、森林脑炎病毒等。

二、劳动过程中的有害因素

（一）劳动组织和劳动制度不合理，如劳动时间过长，休息制度不合理、不健全等。

（二）劳动中的精神过度紧张。

（三）劳动强度过大或劳动安排不当，如安排的作业与劳动者生理状况不相适应、生产额过高、超负荷加班加点等。

（四）个别器官过度紧张，如光线不足引起的视疲劳等。

（五）长时间处于某种不良体位或使用不合理的工具等。

三、生产环境中的有害因素

（一）生产场所设计不符合卫生标准或要求，如厂房低矮、狭窄，布局不合理，有毒和无毒的车间安排在一起等。

（二）缺乏必要的卫生技术设施，如没有通风换气设备，照明、防尘、防毒、防噪声、防振动设备的效果不佳。

（三）安全防护设备和个人防护用品装备不全。

第四节　心理健康评估

随着社会节奏的加快，生活、工作压力的交织，心理问题直接关系到从业安全，极端心理事件还将直接造成工伤事故。

据统计，88％以上的工伤事故是人为因素引起的，而这些事故大多是可以避免的。其发生有主观原因，也有客观原因，但主观原因居多，包括主观故意或过失、判断失误等。我国是制造业大国，很多企业都采用流水线作业，企业员工工作节奏快，劳动者和劳资方的关系也比较复杂，加上各种矛盾和压力，使员工的心理出现亚健康状态，如焦虑、抑郁甚至精神分裂等问题，出现富士康员工跳楼事件、公务员自杀事件和户外工作人员因缺少正常与人群和社会的交流沟通导致性格冷漠偏执而难以适应社会的事件等。

心理疏导着手早，工伤事故发生少。员工出现心理问题或陷入不良情绪时，应及时通过心理疏导调整消极心态、平息负面情绪、缓解精神压力，引导员工以乐观的性格、积极向上的心态、饱满昂扬的精神状态面对工作和生活，从而降低工伤事故的发生率。

一、心理健康风险评估方法与目的

主要采用企业员工身心健康问卷调查表和现场一对一面谈。

（一）了解员工身体健康的基本信息。

（二）掌握员工生活和工作压力表现情况。

（三）掌握员工对企业的真实想法。

（四）疏导和及时改善员工不健康思想，积极引导员工养成良好的人际关系。

（五）有效防止因人际关系、情绪、精力不集中等因素导致的工伤事故的发生。

二、风险评估内容

主要通过问卷调查和面谈了解员工的基本信息、工作压力、组织支持、工作倦怠和身心健康五大部分，每个部分又分为几个维度，全面反映员工的身心情况，通过面对面访谈了解员工的生活情况。

第四章 工伤预防常规培训内容

第一节 工伤保险政策知识培训

员工的工伤保险政策培训，必须有效结合《工伤保险条例》的有关规定，并紧密联系企业员工实际情况，以提高员工的工伤保险知晓率、熟悉企业参保规定、了解工伤认定流程和工伤待遇为主要目的，注重培训方式的普及性、针对性、参与性，同时结合当前"互联网＋""移动互联网"的应用，强化工伤保险培训的延展性和持续性，使广大企业员工能够确实了解和掌握工伤保险政策，保障自身合法权益。

一、培训的内容

以《中华人民共和国社会保险法》《工伤保险条例》和地方政府相关法律法规政策文件集，如《广东省工伤保险条例》《广州市工伤保险若干问题的规定》和《关于进一步做好建筑业工伤保险工作的意见》（人社部发〔2014〕103 号）为主要依据，重点讲解工伤保险对分散企业的工伤风险、保障员工的合法权益的重要作用，普及工伤认定的办理流程和认定条件，宣传各项工伤待遇，让广大员工充分认识到工伤保险完善的保障机制。

二、培训的形式

结合各企业员工文化水平、工伤保险知晓率等实际情况，注重普及性、针对性、参与性和互动性。注重普及性，就是要让工伤保险培训内容尽量接地气，深入浅出地把各项法律条文解释清楚；注重针对性，就是坚持以培训对象为中心，针对企业员工的具体问题、实际案例开展有针对性的培训；注重参与性和互动性，就是在培训形式上改变原来单纯授课式的培训，在培训过程中通过案例分析、小组讨论、小游戏、有奖问答等形式提高培训的参与性，鼓励员工积极与授课老师保持良好互动。

三、培训后的持续跟进

结合当前"互联网＋""移动互联网"时代特点，广大员工可通过手机关注相关微信公众号，如"广州人社""工伤预防"微信公众平台，也可以浏览"中国工伤预防网"，持续获得工伤保险政策知识，使得培训更具有长效性。

第二节　工伤事故预防知识培训

一、安全生产相关知识

（一）坚持"安全第一、预防为主、综合治理"的安全生产方针

1．"安全第一"。当安全与生产发生矛盾时，必须首先解决安全问题，保证在安全条件下进行生产劳动。没有钱我们可以挣，但没有了生命就什么都没有了。

2．"预防为主"。要求我们在工作中时刻注意预防生产安全事故的发生。就是要把预防生产安全事故的发生放在安全生产工作的首位。对安全生产的管理，主要不是在发生事故后去组织抢救，进行事故调查，找原因、追责任、堵漏洞，

而要谋事在先，尊重科学，探索规律，采取有效的事前控制措施，千方百计地预防事故的发生，做到防患于未然，将事故消灭在萌芽状态。虽然人类在生产活动中还不可能完全杜绝生产安全事故的发生，但只要思想重视，预防措施得当，事故特别是重大恶性事故还是可以大大减少的。预防为主，就要坚持培训教育为主。在提高生产经营单位主要负责人、安全管理干部和从业人员的安全素质上下功夫，最大限度地减少违章指挥、违章作业、违反劳动纪律的现象，努力做到"不伤害自己，不伤害他人，不被他人伤害，保护他人不受伤害"。

3. "综合治理"。安全必须全社会协同努力，动员各方力量齐抓共管。

（二）安全生产管理机制

1. 行为监督。其内容包括安全生产规章制度建设、员工安全教育培训，如对违章操作、违章指挥等不安全行为及时纠正、处理。

2. 技术监督。定期对设备的运行状态和健康状况进行技术分析和试验分析，及时发现设备隐患，实现对设备隐患的超前控制。

二、劳资双方工伤预防要求

（一）从业人员的权利与义务

1. 从业人员的权利

用人单位应与从业人员签订劳动合同，内容必须包括：保障从业者的劳动安全，如生产安全、劳动条件符合相关规定；依法为员工缴纳工伤保险。

知情权：从业人员有权了解其作业场所和工作岗位存在的危险因素、防范措施和事故应急措施；建议权：从业人员有权对本单位的安全生产工作提出建议；拒绝权：从业人员有权拒绝违章作业指挥和强令冒险作业；紧急避险权：当从业人员发现直接危及人身安全的紧急情况时，有权停止作业或者在采取可能的应急措施后撤离作业场所；享有工伤保险及伤亡赔偿权：因生产安全事故受到损害的从业人员，除依法享有工伤社会保险外，依照有关民事法律享有获得赔偿权利的，有权向本单位提出赔偿要求；享有劳动保护权：从业人员享有获得符合国家标准或者行业标准劳动防护用品的权利；享有获得职业健康保障、安全生产教育和培训的权利。

2. 从业人员的义务

遵章守规，服从管理；佩戴和使用劳动防护用品；接受培训，掌握安全生产技能；发现事故隐患及时报告。

（二）生产经营单位的权利与义务

1. 建立、健全安全生产责任制。

2. 组织制定本单位安全生产规章制度和操作规程。

3. 保证本单位安全生产的投入和实施。

（三）企业安全生产保障措施

1. 执行建设项目的"三同时"制度。生产经营单位新建、改建、扩建工程项目的安全设施（包括安全、卫生设施、个体防护措施等），必须与主体工程同时设计、同时施工、同时投入生产和使用。

2. 生产经营单位应当在有较大危险因素的生产设施、设备上，设置明显的安全警示标志。

3. 生产经营单位必须为从业人员提供符合国家标准或者行业标准的劳动防护用具，并教育督促从业人员佩戴。

4. 生产经营单位必须依法参加工伤保险，为从业人员缴纳保险费。

5. 生产经营单位发生重大生产安全事故时，单位主要负责人应当迅速采取有效措施，组织抢救。

6. 生产经营单位进行爆破、吊装等危险作业时，应当安排专门人员进行现场安全管理。

7. 多个单位在同一生产现场作业，应明确各自的安全职责，并确定现场指挥人员。

8. 生产经营单位应当对重大危险源建档登记，定期检测。

9. 依法保障职业病病人的合法权益。

用人单位应当如实提供职业病诊断、鉴定所需的劳动者职业史和职业病危害接触史、工作场所职业病危害因素检测结果等资料。用人单位应当保障职业病病人依法享有国家规定的职业病待遇：

（1）单位应按照国家规定，安排职业病病人进行治疗、康复和定期检查。

（2）单位对不适宜继续从事原工作的职业病病人，应当调离岗位，并妥善安置。

（3）单位对从事接触职业病危害作业的劳动者，应当给予岗位津贴。

（4）用人单位应及时安排对疑似职业病病人进行诊断；在疑似职业病病人诊断或者医疗观察期间，不得解除或者终止劳动合同。

三、工伤事故及预防

（一）工伤事故发生的原因

一般来说，事故的发生往往由直接原因和间接原因所构成，通常称为事故发生的四要素，分别是：

1. 人（men）。人的不安全行为是事故产生的最直接的因素，如违章指挥、违章操作、违反劳动纪律等行为等。

2. 机（machine）。机器的不安全状态也是事故发生的直接因素，如安全防护装置有缺陷、设备有缺陷、个人防护用品不合格或有缺陷等。

3. 环境（environment）。不良的生产环境影响人的行为，同时对机械设备产生不良的作用，如作业场所通风采光不良，存在有毒有害、易燃易爆气体或物质等。

4. 管理（management）。管理的欠缺，是间接原因，但可能会是主要原因，如规章制度不健全，员工安全生产培训不到位，个人劳动防护用具配置不齐全，事故隐患排查不彻底等。

（二）安全生产常识

1. "四不伤害"原则。不伤害自己，不伤害他人，不被他人伤害，保护他人不受伤害。

2. "四不放过"原则。事故原因没有查清不放过，事故责任者没有严肃处理不放过，广大员工没有受到教育不放过，防范措施没有落实不放过。

（三）生产安全事故的特性及规律

1. 生产安全事故因果性。

2. 生产安全事故发生的偶然性和必然性。

3. 生产安全事故的潜伏性和再现性。

4. 生产安全事故的可控性与可预防性。

四、常见工伤事故预防的培训内容及预防措施

（一）高处坠落事故

1. 培训内容

（1）高处作业的相关知识。

（2）高处违章作业的危害。

（3）高处作业个人防护要求和防护用具的正确穿戴方法。

（4）高处坠落事故的防护措施。

（5）高处坠落事故的现场应急处理与急救方法。

2. 高处坠落事故的预防措施

（1）高处作业应佩戴安全帽，穿紧口工作服，着软底防滑鞋，腰系安全带，操作时严格遵守安全操作规程和劳动纪律。

（2）施工中，发现有事故隐患时，必须及时解决，如危害人身安全，必须停止作业。

（3）高处作业人员在上下时，不得乘坐货梯和非载人的吊笼，必须从指定的

安全路线上下。

（4）高处作业一律使用工具袋，上下过程中不得拿在手里；不准从高处抛投材料、工具；工作完毕后应及时将工具放入工具袋，清理、收拾好易坠落物件，防止落下伤人。

（5）防护棚搭设和拆除时要设立警戒区，专人监护，严禁上下同时拆除。

（6）高处作业为特殊工种作业，需持证上岗，定期进行健康体检。

3. 持续跟进回访

培训后 3 个月对员工掌握高处作业的相关知识进行了解，从员工的知识、信念和行为来分析受训者对知识的掌握程度。

（二）机械设备伤害事故

1. 培训内容

（1）机械设备伤害的相关知识，包括各行业常用机械设备。

（2）机械设备伤害常见现象和导致机械设备伤害的原因。

（3）正确的机械设备操作流程和个人防护要求。

（4）常见机械设备的故障处理和防护装置要求。

（5）常见机械设备伤害事故的现场应急处理与急救方法。

2. 机械设备伤害事故的预防措施

（1）定期对机械设备进行检查保养，使其处于完好状态。

（2）工作着装符合作业要求，正确穿戴个人防护用品。

（3）作业前后，做好交接班，检查设备及其用品、安全设施是否处于正常状态。

（4）对有要求的作业设备要进行使用和维修登记。

（5）健全仪器设备使用和维修登记制度，特殊设备要专人保管和专人使用。

3. 持续跟进回访

培训后 3 个月对员工掌握机械设备伤害的相关知识进行了解，从员工的认知、信念和行为分析受训者对知识的掌握程度。

（三）触电事故

1. 培训内容

（1）触电事故的危害。

（2）触电事故的类型和评估触电事故的危险因素。

（3）触电事故的预防措施。

（4）触电事故的现场应急处理与急救方法。

2. 触电事故的预防措施

（1）在操作闸刀开关、磁力开关时，必须将防护盖盖好。

（2）电气设备的外壳应按有关安全规程进行防护性接地或接零。

（3）电工作业属特种作业，须经过专门的培训并考试合格方可持证上岗。

（4）使用电钻等手用电动工具时，必须安设漏电防护器。

（5）雷雨天，不可靠近高压电杆、避雷针、树下等接地导线周围 20 米以内，以免发生跨步电压触电。

3. 持续跟进回访

培训后 3 个月对员工掌握用电作业的相关知识进行了解，从认知、信念和行为来分析受训者对知识的掌握程度。

（四）火灾及爆炸事故

1. 培训内容

（1）火灾及爆炸的基本知识。

（2）火灾及爆炸的风险评估方法与内容。

（3）火灾及爆炸事故的现场应急处理与急救方法。

（4）防火防爆的组织管理措施。

2. 火灾及爆炸事故的预防措施

（1）防止形成燃爆的介质，可以用通风的办法来减低燃爆物质的浓度。

（2）防止产生着火源，使火灾、爆炸不具备发生的条件。

（3）安装防火防爆安全装置。

（4）加强对防火防爆工作的管理。

（5）开展经常性防火防爆安全教育和安全大检查。

（6）建立健全防火防爆制度。

（7）厂区内、厂房内的一切出入和通往消防设施的通道，不得被占用和堵塞。

（8）加强值班，严格执行巡逻检查。

（9）加强防火防爆知识的宣传教育，严格贯彻执行防火防爆规章制度。

（10）在规定的安全地点吸烟，严禁在工作现场和厂区内吸烟和乱扔烟头。

3. 持续跟进回访

培训后 3 个月对员工掌握防火防爆作业的相关知识进行了解，从认知、信念和行为来分析受训者对知识的掌握程度。

（五）起重机械作业伤害事故

1. 培训内容

（1）起重机械作业的行业分布和危险性。

（2）起重机械作业伤害事故的风险评估与内容。

（3）起重机械作业伤害事故的现场应急处理与急救方法。

（4）起重机械作业的防护措施和安全管理规范。

2. 起重机械作业伤害事故的预防措施

（1）起重机械作业人员须经严格培训并考试合格后，方可持证上岗。

（2）起重机械必须安装有必要的安全防护装置。

（3）定期检验、维修和保养起重机械，及时发现问题。

（4）健全起重机械维护保养、定期检验、交接班制度和安全操作规程。

（5）起重机械运行时，禁止任何人上下，也不能在运行中检修。

（6）吊运的物品不能在空中长时间悬挂停留。

（7）起重机械的悬臂可到达的区域下不能站人。

3. 持续跟进回访

培训后 3 个月对员工掌握起重机作业的相关知识进行了解，从认知、信念和行为来分析受训者对知识的掌握程度。

第三节　职业危害预防知识培训

一、粉尘作业职业危害预防

（一）粉尘的定义与分类

粉尘是指直径很小的固体颗粒。自然环境中有天然产生的粉尘，如火山喷发产生的尘埃。工业生产或日常生活中的各种活动也会产生粉尘。生产性粉尘就是特指在生产过程中形成的，并能长时间飘浮在空气中的固体颗粒。粉尘体积越小，飘浮在空中的时间越长，危害就越大。

粉尘分为无机性粉尘，如金属性粉尘（铝、铁等金属及其化合物粉尘）、非金属的矿物粉尘（石英、石棉、煤等粉尘）、人工合成无机粉尘（如水泥、玻璃纤维、金刚砂等粉尘）；有机性粉尘，如植物性粉尘（木尘、烟草、棉等粉尘）、动物性粉尘（畜毛、羽毛、骨质等粉尘）、人工有机粉尘（有机染料、农药、人造有机纤维等粉尘）。

（二）粉尘的危害

尘肺病是由于在职业活动中长期吸入生产性粉尘并在肺内潴留而引起的以肺组织弥漫性纤维化为主的全身性疾病。粉尘进入人体的途径主要通过呼吸道进入。长期吸入一定量粉尘，就会引起各种尘肺病，如吸入煤尘，可引起煤尘肺；吸入植物性粉尘，可引起植物性尘肺；吸入游离的二氧化硅、硅酸盐等粉尘，可引起肺部弥漫性、纤维性病变的产生。

粉尘的危害与粉尘的物理特性、吸入量、接触粉尘时间和浓度有关。人体吸入粉尘后会在肺内产生巨噬细胞性肺泡炎，灶状、结节性病变，尘肺间质纤维化及团块状病变等。

1. 生产性粉尘的致病作用

（1）尘肺病（或致纤维化）。

（2）致癌作用。如石棉粉尘可导致肺癌和胸膜间皮瘤；放射性、矿物性粉尘可导致白血病；金属粉尘如镍、铬酸盐等可导致肺癌；二氧化硅粉尘可导致肺癌。

（3）粉尘沉着症。铁、锑、锡、钡等粉尘可引起金属粉尘沉着症。

2. 粉尘的爆炸性

能引起粉尘爆炸的都是可燃性粉尘。可燃性粉尘一般分为三大类。

（1）金属粉尘，如铝粉、镁粉等。

（2）可燃矿物粉尘，如煤粉。

（3）有机物粉尘，如亚麻粉尘、木粉、纸粉、烟草和谷物粉尘等。烟草粉尘与亚麻、谷物粉尘属同一种非导电性易燃粉尘。

（三）粉尘作业的风险评估

1. 工作环境的通风情况。

2. 设备的完好性，通风设备除尘的效果。

3. 打磨或风钻等作业时是否采用湿式作业，通风管道是否定期清理。

4. 个人防护用品的佩戴情况和完好程度。

（四）粉尘作业职业危害预防知识培训内容

1. 粉尘的定义、分类和危害性。

2. 粉尘作业的风险评估。

3. 粉尘作业的防护措施。

4. 尘肺的防治知识。

（五）粉尘的预防及控制

防尘、降尘的"八字方针"，即水、风、密、革、护、宣、管、查。水，即坚持湿式作业，禁止干式作业；风，即通风除尘，排风除尘；密，即密闭尘源或密闭、隔离操作；革，即技术革新、工艺改革，包括使用替代原料和产品；护，即加强个体防护；宣，即安全卫生知识宣传培训；管，即防尘设备的维护管理和规章制度的建立，保证设备的正常运转；查，即监督检查。同时用人单位还应加强对作业场所空气中的粉尘浓度的检测，使作业场所空气中的粉尘浓度控制在国家卫生标准以下；加强对粉尘作业人员在就业前、岗中定期、离岗的职业健康检查。只有这样，才能有效地预防和控制尘肺病的发生，促进经济的发展。

（六）持续跟进回访

培训后 3 个月持续对员工掌握相关知识的情况进行了解，从认知、信念和行为 3 方面来观察和了解员工对知识的掌握程度。通过职业健康体检报告及时发现员工中是否存在尘肺的禁忌证和疑似病例。

二、噪声作业职业危害预防

噪声是职业危害的主要因素之一。近年来，在职业健康体检中，发现接触噪声作业人员听力损失的发生率越来越高了，呈上升趋势（高频听力损伤发生率为 32.9％，语频听力损失率为 3.3％）。有关调查发现：接触噪声作业人员中，全程佩戴耳塞的人员为 67.8％，但能够完全正确佩戴耳塞的人员仅占 18.7％。

（一）工业噪声对人体的危害

1. 听觉损失，导致职业性噪声耳聋。

2. 引发心血管、消化、神经及生殖系统疾病，如高血压、失眠、食欲降低等。

3. 影响注意力，工作效率下降，导致事故。

（二）噪声作业的风险评估

1. 作业环境评估，是否对噪声源采取隔离或屏蔽措施。

2. 个人防护用品佩戴。

3. 仪器设备的完好程度。

4. 仪器设备的革新程度。

5. 员工的心理健康状况。

（三）噪声作业职业危害预防知识培训内容

1. 了解噪声作业的行业和工种。

2. 了解噪声作业对人体的危害。

3. 掌握噪声作业的风险评估方法和内容。

4. 掌握噪声作业防护用品的正确选用和佩戴。

5. 了解噪声聋的预防与治疗。

（四）噪声防护措施

1. 环境监测。企业要定期对噪声作业场所进行噪声强度监测，了解环境噪声水平。同时进行技术革新，控制噪声源。

2. 告知。企业要对工作环境中存在的职业危害因素进行告知，减少工人噪声暴露频率。

3. 听力检测（职业健康体检）。

4. 监测上岗（职业禁忌）、离岗或转岗。

5. 噪声防护。噪声防护措施就是限制噪声暴露的时间。如果一个工人必须在强度超过 90 dB（A）的噪声环境中工作，则应限定其工作时间，以确保 8 小时计权噪声总暴露量不超过 100%。要使用个人听力保护装置。企业须向工人免费提供噪声防护装置，且其必须与工作环境中的噪声强度及频谱特性相适应。工人对听力保护装置具有选择权，除非有证据表明某种装置是唯一有效的降噪装置。

6. 培训。每一个工人都应该接受个人防护用品的合理选择、正确使用和保养培训。

（五）噪声防护用品的选择及使用

常用的个体防护办法是：让工人佩戴防噪声耳塞、头盔等防噪声护具，将噪声拒之于人耳之外。护耳器选择应根据噪声声级强度确定，选用时应注意：耳塞有不同型号，使用人员应根据自己耳道大小配用；防噪声帽也按大小分号，戴用人员应根据自己头型选用。

使用护耳器时，一定使之与耳道（耳塞类）、耳壳外沿（耳罩类）密合紧贴，方能起到好的防护效果。在佩戴耳塞或耳罩时，应针对不同防护用品，恰当选择，合理使用。

1. 防噪声耳塞的使用

佩戴耳塞应注意以下有关事项：

（1）各种防噪声耳塞在佩戴时，要先拿着耳塞柄，将耳塞帽体部分轻轻推向外耳道内，并尽可能地使耳塞体与耳甲腔相贴合，但不要用劲过猛、过急或插得太深，以自我感觉适度为准。

（2）防噪声耳塞戴后感到隔声不良时，可将耳塞缓慢转动，调整到效果最佳位置为止。如果经反复调整仍然效果不佳时，应考虑改用其他型号、规格的耳塞试用，最后选择合适的定型使用。

（3）佩戴泡沫塑料或子弹型耳塞时，应将圆柱体搓成锥形体后再塞入耳道，让塞体自行回弹，充满耳道中。

（4）佩戴硅橡胶自行成形的耳塞，应分清左右塞，不能弄错；插入外耳道时，要稍作转动放正位置，使之紧贴耳甲腔内。

2. 防噪声耳罩的使用

佩戴耳罩应注意以下有关事项：

（1）使用防噪声耳罩时，应先检查罩壳有无裂纹和漏气现象，佩戴时应注意罩壳的方位，顺耳廓的形状戴好。

（2）将连接弓架放在头顶适当位置，尽量使耳罩软垫圈与周围皮肤相互密合。如不合适时，应稍稍移动耳罩或弓架，务必调整到合适位置为止。

无论佩戴耳塞或耳罩，均应在进入有噪声车间前戴好，工作中不得随意摘下，以免伤害鼓膜。如需摘下，最好在休息时或离开车间以后，到安静处再摘掉耳塞、耳罩，让听觉逐渐恢复。

防噪声护耳器的防护效果，不仅取决于用品本身的质量好坏，还有赖于正确掌握使用方法，养成正确佩戴和坚持使用的习惯，才能收到实际效果。

护耳器使用后应存放在专用盒内，以免挤压、受热而变形。用后需用肥皂、清水把它洗干净，晾干后再收存。橡胶制的耳塞要撒滑石粉，然后存放，以免变形。

（六）持续跟进回访

培训后 3 个月持续对员工掌握相关知识的情况进行了解，从认知、信念和行为来观察和了解员工对知识的掌握程度。通过职业健康体检报告及时发现员工中有无噪声聋的禁忌证和疑似病例。

三、高温作业职业危害预防

（一）职业中暑的定义与分级

1. 职业中暑的定义

职业性中暑是在高温作业环境下，由于热平衡和（或）水盐代谢紊乱而引起的以中枢神经系统和（或）心血管障碍为主要表现的急性疾病。高温作业分为高温、强热辐射作业，高温高湿作业，夏天露天作业。

2. 中暑的分级

（1）先兆中暑。表现为头昏头痛、口渴多汗、全身疲乏、心悸、注意力不集中、动作不协调等症状，体温正常或略有升高。出现这种情况要及时转移到阴凉通风处，补充水和盐分，并予以密切观察。短时间内即可恢复。

（2）轻症中暑。表现为面色潮红，胸闷，有恶心、呕吐、大汗、皮肤湿冷、体温升高至 38.5℃ 以上、血压下降等呼吸循环衰竭的早期症状。此时，应帮助患者迅速脱离高温场所，到通风阴凉处休息；给予含盐清凉饮料及对症处理。如及时处理，往往可于数小时内恢复。

（3）重症中暑。它是中暑中情况最严重的一种，如不及时救治将会危及生命。重症中暑可分为热射病、热痉挛和热衰竭三型，也可出现混合型。

热射病：特点是在高温环境中突然发病，体温高达 40℃ 以上，疾病早期大量出汗，继之"无汗"，可伴有皮肤干热及不同程度的意识障碍等。

热痉挛：表现为明显的肌痉挛，伴有收缩痛。好发于活动较多的四肢肌肉及腹肌等，尤以腓肠肌为著。常呈对称性，时而发作，时而缓解。患者意识清，体温一般正常。

热衰竭：起病迅速，临床表现为头昏、头痛、多汗、口渴、恶心、呕吐，继而皮肤湿冷、血压下降、心律紊乱、轻度脱水，体温稍高或正常。如发现以上症状，应即刻送往医院救治。

（二）高温作业风险评估

1. 评估作业环境的通风情况，检测作业场所气温。

2. 评估员工的个人防护情况。

3. 评估企业高温作业的安全管理制度。

4. 评估企业高温作业的防护措施。

5. 评估员工有无高温作业的禁忌证。

6. 评估员工对高温作业的知晓程度、身体和精神状态。

（三）高温作业职业危害预防知识培训内容

1. 了解高温作业的定义和中暑的分级。

2. 掌握高温作业的风险评估。

3. 掌握中暑的预防措施。

4. 掌握中暑的急救措施。

（四）中暑的预防及急救

在高温作业环境中（如修造船生产、户外作业等），由于作业场所内存在着多种热源或由于夏季露天作业受太阳热辐射的影响，常产生高温或高温伴强热辐射等特殊气象条件，机体从高温环境接受对流与辐射热量，加上劳动和高温环境增加的代谢产生热量，远远超过机体的散热量。若这个恶性过程不断发展，人体通过一系列的体温调节还是不能维持机体的热平衡时，就会造成机体过度蓄热。同时，由于大量出汗导致脱水、失盐、从而发生中暑。

发现中暑病人后，首先应使患者脱离高温作业环境，到通风良好的阴凉地方休息，解开衣服，用冷毛巾擦身，并给予含盐的清凉饮料。必要时，可进行刮痧疗法或针刺合谷、人中等穴位。如有头晕、恶心、呕吐或腹泻，可服人丹、十滴水、清凉油等。严重中暑者应用冰袋、酒精浴等降温或服用冷饮及解暑药品，并迅速送医院救治。

1. 预防中暑措施

（1）合理布置热源，把热源放在车间外面或者远离工人操作的地点。采用热压力为主的自然通风的厂房，应布置在天窗下面；采用穿堂风通道的厂房，应布置在主导风向的下风侧。

（2）加强通风换气，加速空气对流，降低环境温度，以利于机体热量的散发。

（3）隔热是减少热辐射的一种简便有效的方法。

（4）加强个人防护，合理组织生产，如穿白色、透气性好、导热系数小的帆布工作服；同时调整工作时间，尽可能避开中午酷热的时间段，延长午休时间。加强个人保健，供给足够的含盐清凉饮料。

（5）在高温作业场所应设置休息室，配备饮料、风扇及防暑降温用品。

2. 中暑的现场急救措施

（1）移，即转移病人。迅速将病人搬移至阴凉、通风的地方，用扇子和电扇扇风，同时垫高头部，解开衣领裤带，以利于呼吸和散热。

（2）擦，即物理降温。用冷水或稀释至 30％～40％ 的乙醇（酒精）擦身，或用冷水淋湿的毛巾或冰袋、冰块置于病人颈部、腋窝和大腿根部腹股沟处等大血管部位，帮助病人散热。

（3）掐，即按摩穴位。若病人昏迷不醒，则可用大拇指按压病人的人中、合谷等穴位。

（4）补，即补充体液。病人苏醒后，给予淡糖盐水以补充体液的损失。

（五）持续跟进回访

培训后 3 个月持续对员工掌握相关知识的情况进行了解，从认知、信念和行为来观察和了解员工对知识的掌握程度。

四、有毒化学品使用作业职业危害预防

（一）有毒化学品使用常识

1. 生产过程中有毒化学品来源

（1）原、辅料：如制鞋行业中用到的胶水、清洗剂等。

（2）中间产物、副产物、废弃物等，如铅烟、锰烟、二氧化硫、含氰化物的电镀废水等。

（3）产品：如农药、化工厂生产的各类有机溶剂等。

2. 有毒化学品进入人体的途径

（1）呼吸道：最主要途径，如各类有机溶剂、粉尘（含毒物类烟尘）。

（2）皮肤黏膜：次要途径，如各类有机溶剂。

（3）消化道：一般在生产中不会造成危害，但如不注重个人卫生，如在生产场所吸烟、饮水，或未洗手等，可通过食源性污染进入人体。这点在某些无机毒物如镉、铅粉尘污染中表现尤为突出。

3. 毒物导致中毒的特点

（1）剂量—反应关系（量效关系）：必须达到一定的量才导致中毒，中毒程度与量成正比。

（2）同一种毒物作用部位不同，结果不同。存在潜伏期。

（3）后移继发效应：迟发中毒表现（早期中毒症状→好转→假愈→恶化），如硫化氢中毒。

（二）化学品使用作业风险评估

1. 工作场所是否根据所用化学品要求进行布置。

2. 所使用的化学品标识是否清晰、明了，成分和使用说明书是否明确。

3. 员工对所使用化学品的性能和防护知识是否有所了解。

4. 员工是否能正确选用个人防护品。

5. 化学品的使用、存放是否按照说明书标注进行。

6. 员工是否了解所使用化学品的量效关系、毒理作用以及后遗继发反应。

7. 企业是否有健全的化学品管理制度和常规的培训制度。

8. 员工的心理健康状况。

（三）化学品使用作业职业危害预防知识培训内容

1. 常用化学品的分类和标识。

2. 常用化学品的危险性。

3. 常用化学品的安全标签和安全技术说明书。

4. 常用危险化学品的储存、包装和运输。

5. 常见危险化学品事故的应急救援。

6. 常见化学物的职业毒害与防毒。

（四）有毒化学品危害的预防和控制

1. 减低、控制并尽量消除危害的源头（最主要和有效）。

2. 阻断和限制危害的传播途径和环节，减少人员接触的频率（比较有效）。

3. 保护接触人员（事倍功半，成本极高，除特殊情况下，单独实施）。

4. 国内用于防尘控制提出的"革、水、密、风、护、管、教、查"的八字方针，也适用于对化学品使用作业职业危害的管理。

革：技术革新、工艺改革。自动替代手工操作，如喷涂；无毒替代有毒，如电镀中无氰替代有氰；低毒替代高毒，如甲苯、二甲苯替代苯。

水：指湿式作业，对烟尘类和部分有机溶剂类有害因素有效，如混粉、打磨类可减少粉尘的飞扬；喷油采用水帘柜，流水可带走有机溶剂雾粒。

密：对产生有害因素的设备进行密闭，减少毒物的溢散。如电池行业在密封柜内分、叠、卷片，有机溶剂盛装容器采用按压式瓶口。

风：通风。对产生粉尘、毒物、热源等有害因素尽量采取整体或局部的通风设备，降低作业点有害因素的浓度或强度，如制鞋皮革类、"宝石"及五金打磨抛光加工类设专用管道抽风罩；对注塑类、纺织制衣类整体通风，排出高温气体等不良气体。

护：个人防护和健康监护，即针对接触危害的人群配发适用的防护用品（不是越贵越好）并监督其佩戴；加强对上述人群的职业性健康监护，即上岗前体检（杜绝已患职业病的人员、有职业禁忌证人员上岗），不得混淆入厂前体检；在岗期间定期体检（早发现、早处理治疗异常人员）；离岗前体检（保证离岗时健康，主要目的是确定其在停止接触职业病危害因素时的健康状况，避免日后纠纷）；建立个人职业健康档案（对离职人员也要保留其档案 3～5 年）。

管：加强管理。建立健全各项职业卫生安全生产管理规章制度，落实责任制，避免以人情管人；对防护设备和用品加强日常维护，避免防护设备和用品因长期使用而导致效能降低，失去作用。

教：宣传教育。做好相关法律法规、规章制度、防护知识等宣传培训工作，提高管理水平和自觉执行有关规定的意识，减少劳资纠纷。

查：加强日常或专项检查。对职业危害防护管理工作进行检查、评比，及早发现问题，及时采取对策处理。

（五）持续跟进回访

培训后 3 个月持续对员工掌握相关知识的情况进行了解，从知识、信念和行为来观察和了解员工对知识的掌握程度。

第四节　心理健康及意外伤害现场急救常识培训

一、心理健康知识培训内容

（一）心理卫生基本常识。

（二）常见企业员工心理问题与调节方法。

（三）压力管理，包括员工工作压力情况、组织支持感、工作倦怠和身心健康 4 个方面的常见问题与解决办法或技巧。

（四）良好的沟通技巧与方法。

（五）心理调适与美好生活。

二、创伤止血救护

出血常见于割伤、刺伤、物体打击和碾压伤等。如伤者一次出血量达全身血量的 1/4 以上时，生命就有危险。因此，及时止血是非常必要和重要的。遇有这类创伤时不要惊慌，可用现场物品如毛巾、纱布、工作服等立即采取止血措施。如果创伤部位有异物，如不在重要器官附近，可以拔出异物，处理好伤口；如无把握就不要随便将异物拔掉，应立即送往医院，经医生检查，确定未伤及内脏及较大血管时，再拔除异物，以免发生大出血措手不及。

三、烧伤急救处理

在生产过程中有时会受到一些明火、高温物体烧烫伤害。严重的烧伤会破坏身体防病的重要屏障，血浆液体迅速外渗，血液浓缩，体内环境发生剧烈变化，产生难以抑制的疼痛。这时伤员很容易发生休克，危及生命。所以烧伤的紧急救护不能延迟，要在现场立即进行。基本原则是：消除热源、灭火、自救互救。烧伤发生时，最好的救治方法是用冷水冲洗，或伤员自己浸入附近水池浸泡，防止烧伤面积进一步扩大；衣服着火时应立即脱去用水浇灭或就地躺下，滚压灭火，衣服如有冒烟现象应立即脱下或剪去以免继续烧伤；身上起火不可惊慌奔跑，以免风助火旺，也不要站立呼叫，免得造成呼吸道烧伤。烧伤经过初步处理后，要及时将伤员送往就近医院进一步治疗。

四、触电急救

此类事故不多，但死亡率很高。有关资料表明，触电后 1 分钟内抢救的成功率为 90%，6 分钟内抢救的成功率为 50%，超过 12 分钟抢救成功率为零。所以，对触电者的急救，有着重大意义。遇有触电者，施救人员首先应切断电源，若来不及切断电源，可用绝缘物挑开电线。在未切断电源之前，救护者切不可用手拉触电者，也不能用金属或潮湿的东西挑电线。把触电者抬至安全地点后，迅速判断伤者有无意识，有无呼吸和心跳，若无呼吸和心跳，应立即进行人工呼吸和胸外按压（即心肺复苏）。心肺复苏具体方法如下：

（一）口对口人工呼吸法

方法是把触电者仰卧放置，救护者一手将伤员下颌合上并向后托起，使伤员头尽量向后仰，以保持呼吸道畅通，另一手将伤员鼻孔捏紧，此时救护者先深吸一口气，对准伤员口部用力吹入，吹完后嘴离开，捏鼻手放松，如此反复实施。如吹气时伤员胸壁上举，吹气停止后伤员口鼻有气流呼出，表示有效。每分钟吹气 16 次左右，直至伤员自主呼吸为止。

（二）胸外心脏按压术

方法是将触电者仰卧于平地上，救护人双手重叠，将掌根放在伤员胸骨下部位，两臂伸直，肘关节不得弯曲，凭借救护者体重将力传至臂掌，并有节奏性冲击按压，使胸骨下陷 4～5 cm。每次按压后随即放松，往复循环，直至伤员自主呼吸为止。

五、外伤急救

（一）断指断肢现场急救

在工作中发生断指或断肢时，马上拉闸关机，取出断指或断肢，边通知班组长和安全管理人员边进行消毒、止血、包扎，把断指或断肢用干净湿润的手绢或毛巾包好，放在不渗漏的塑料袋或胶皮带内，袋口扎紧，然后在口袋周围放冰块或雪糕等降温。拨打 120 与急救医院取得联系，施救人员立即安排车辆将工伤职工和断指或断肢迅速送往医院，让医生进行断指或断肢再植手术。切记千万不要在断指、断肢上涂碘酒、酒精或者其他消毒液，这样会使组织细胞变质，造成不能再植的严重后果。

（二）脊柱骨折急救

脊柱骨俗称背脊骨，包括颈椎、胸椎、腰椎等。对于脊柱骨折伤员如果现场急救处理不当，容易导致伤者二次伤害，造成不可挽救的后果。特别是背部被物体打击后，有脊柱骨折的可能。对于脊柱骨折的伤员，急救时可用木板、担架搬运，让伤者仰躺。无担架、木板需众人用手搬运时，抢救者必须有一人双手托住伤者腰部，切不可单独一人用拉、拽的方法抢救伤者。否则，把受伤者的脊柱神经拉断，会造成下肢永久性瘫痪的严重后果。

（三）眼睛受伤急救

发生眼伤后，可做如下急救处理：

1. 轻度眼伤如眼进异物，可叫现场同伴翻开眼皮用干净手绢、纱布将异物拨出。如眼中溅进化学物质，要及时用水冲洗。

2. 重度眼伤时，可让伤者仰躺，施救者设法支撑其头部，并尽可能使其保持静止不动，千万不要试图拔出插入眼中的异物。

3. 见到眼球鼓出或从眼眶脱出东西，不可把它推回眼内，这样做十分危险，可能会把能恢复的伤眼弄坏。

4. 立即用消毒纱布轻轻盖上伤眼，如没有纱布可用刚洗过的新毛巾覆盖伤眼，再缠上布条，缠时不可用力，以不压及伤眼为原则。

5. 做完上述处理后，立即送医院再做进一步的治疗。

六、吸入毒气急救

一氧化碳、二氧化氮、二氧化硫、硫化氢、苯类等超过允许浓度时，均能使吸入者中毒。如发现有人中毒昏迷后，救护者千万不要贸然进入现场施救，否则会导致多人中毒的严重后果。遇有此种情况，救护者一定要保持清醒的头脑，施救时切记一定要戴上防毒面具。若一时没有防毒面具，首先要对中毒区进行通风，待有害气体降到允许浓度时，方可进入现场抢救。将中毒者抬至空气新鲜的地点后，立即用救护车送往医院救治。

第五章 项目质量控制

第一节 质量管理

一、质量管理的作用

（一）指导组织管理者建立质量管理体系，实施和改进项目。

（二）指导服务对象理解和掌握项目的实施流程。

（三）监督管理实施对象完成实施内容和评估成效。

二、质量管理的原则

质量管理八项原则，是在管理实践经验的基础上用高度概括的语言所表述的，最基本、最通用的一般规律，可以指导一个组织通过长期关注服务对象及其他相关方面的需求和期望而改进其总体业绩。它是质量文化的一个重要组成部分。

原则1：以服务对象为中心。与所确定的服务对象要求保持一致。了解服务对象现有的和潜在的需求和期望。调查服务对象的满意度并以此作为行动的准则。

原则2：领导作用。确立方针和可达成的目标，创造员工能充分参与实现既定目标的以质量为中心的企业环境。赋予员工自主权，充分调动员工的积极性、主观能动性，增强员工集体意识，提高员工工作能力。明确前景，指明方向，提供资源，带领员工坚定不移地达成既定目标。

原则 3：互动性。划分技能等级，对员工进行培训和资格评定。明确权限和职责。利用员工的知识和经验，通过培训使得他们能够参与决策和对过程的改进，让员工以实现组织的目标为己任，达到工伤事故发生率下降、工伤事故损毁程度减小等目的。

原则 4：过程方法。建立、控制和保持文件化的过程。清楚地识别项目外部/内部的服务对象和项目实施方。着眼于项目实施过程中资源的使用，追求人员、设备、方法和材料的有效使用。

原则 5：系统管理建立并保持实用有效的文件化的质量体系。识别体系中的过程，理解各过程间的相互关系，将过程与组织的目标相联系。针对关键的目标评估其结果。

原则 6：持续改善。通过管理评审、内/外部审核以及纠正/预防措施，持续地改进质量体系的有效性。设定现实的和具有挑战性的改进目标，配备资源，向员工提供工具、机会并激励他们能持续地为改善过程做出贡献。

原则 7：以事实为决策依据。以审核报告、纠正措施、不合格、服务对象投诉以及其他来源的实际数据和信息作为质量管理决策和行动的依据。把决策和行动建立在对数据和信息分析的基础之上，以期最大限度地提高生产率，降低消耗。通过采用适当的管理工具和技术，努力降低成本，改善业绩和市场份额。

原则 8：互利的项目实施方关系。适当地确定项目实施方应满足的要求并将其文件化。对项目实施方提供的服务内容进行评审和评价。与项目实施方建立战略伙伴关系，确保其在早期参与确立合作开发以及改善服务内容、过程和体系的要求。相互信任，相互尊重，共同承诺让服务对象满意并持续改善。

质量管理八项原则是一个组织在质量管理方面的总体原则，这些原则不仅适应工伤预防培训项目也适用于其他项目的管理，需要通过具体的活动得到体现。

第二节 环节质量控制

一、项目实施前质量控制

(一) 政策支持

现场互动与持续改善式工伤预防培训项目是一项社会效益好，但对于项目实施方来说是一项经济收益较差的公益性民生项目。工伤预防试点工作通知发布后，广州市人社局组织专家针对现场互动与持续改善式工伤预防培训项目进行了反复论证，然后立项进行试点，出台了有关工伤预防费用支出方面的文件，从政策上认定工伤预防工作开展的重要性与必要性。

(二) 领导重视

现场互动与持续改善式工伤预防培训项目得到了广州市各级人社局领导的高度重视与支持，同时也得到了项目实施方，广东省工伤康复中心领导的高度重视，并委派班子成员作为该项目的总负责人，负责项目的推广、实施与验收。

(三) 专业团队保障

为了保障项目质量，项目实施方应拥有自己的专业团队，人数6人以上，专业至少应涵盖职业卫生、安全管理、人力资源管理、公共卫生、心理咨询等。

(四) 经费保障

项目实施需要有一定的经费支持，才能保障项目顺利开展。该项目费用可以从工伤保险基金中作为工伤预防费用进行提取。

(五) 多部门配合

项目开展前，加强与相关部门的合作，如人社部门、安监部门、职防系统等，共同为职业风险高、工伤事故发生率高的企业做好工伤预防工作，减少工伤事故的发生。

（六）设备、资料保障

项目开展需要的相关仪器设备及资料要准备充分，如现场职业危害因素评估用到的噪声计、照度计、风度计等设备，收集数据用的调查问卷，数据统计分析所需的统计软件等。

二、项目实施过程质量控制

（一）企业选择及风险评估

1. 项目服务的对象以生产性二、三类行业中中小型企业及职业危害因素高、工伤事故发生率较高的企业为主，优先对企业配合程度高、愿意接受工伤预防服务的企业服务。

2. 现场工作环境工伤危险因素评估有详细的实施计划和组织实施细则；现场评估负责人需制定符合企业实际的工伤危险因素辨识、风险评估及控制计划；现场监测设备严格按照相关监测评估标准使用；跟踪督促服务企业改善落实。

（二）培训质量控制

1. 培训方法以互动式培训为主，通过情景模拟、案例分析、故事说理、现身说法、小游戏、小组讨论和角色互换等方式，调动培训对象的积极性。

2. 培训内容要具有针对性。不同行业工伤危险因素不同，职工文化水平、年龄结构等不同，培训内容要充分结合前期的工作环境工伤危险因素评估情况、企业实际情况、员工文化水平，体现培训的针对性和实用性。导师培训主要选择企业内部具有一定年资并有接受意愿的，对企业生产状况、车间环境及安全情况足够熟悉的基层管理人员及车间安全员进行，起到以点带面的作用。

3. 培训前的问卷调查要保障调查质量，减少无效问卷应答率。

4. 培训课件内容的针对性、实用性，是否通俗易懂和合理性也是质量控制中的重要内容。

5. 授课老师的沟通能力、组织能力、语言表达能力与授课技巧是质量控制的重点。

（三）回访质量控制

1. 持续回访跟进的方式以电话跟进、网络方式（邮件、QQ、微信等）跟进和现场实地回访为主。每个季度至少进行一次电话或网络跟进，每年至少进行一次现场回访，每次跟进后必须将跟进情况进行登记；每次现场回访后，必须与培训前巡查报告进行对比分析，撰写回访报告。

2. 回访问卷调查对象为参加过培训的人员，同时严格把关调查质量。

3. 在跟进回访过程中，督促企业对工作环境进行改善，必要时给以技术支持。

（四）监督管理

针对项目的实施情况，项目购买方可以定期或不定期对项目实施方进行抽查，建立合理的质量监督管理体系，如开通投诉电话、投诉邮箱、不定时抽查、电话回访或邀请第三方机构进行抽样检查。

三、项目实施终末质量控制

针对服务企业情况，接受项目实施方组织专家或第三方评估机构从培训前后员工的知识、信念和行为改善情况，企业工作环境的改善情况，管理制度的补充与健全情况，以及工伤事故的发生率、经济负担、工伤保险基金的支付情况和企业满意度等多个方面进行质量控制。

第六章　成效评估

现场互动与持续改善式工伤预防培训项目的成效评估，需要对该项目的每一个环节进行科学、合理的评估，出具科学、实用的评估报告。根据项目的实施步骤和内容，主要从以下几个方面进行考核。

一、工伤危险因素风险评估考核标准

（一）评估人员要求

1. 评估人员资质。

2. 评估人员专业对口情况。

评估人员专业涵盖安全生产管理、职业卫生、人力资源管理、心理学、社会学等，每次现场评估至少有 1 名安全生产管理或职业卫生专业人员参与。

（二）评估内容

1. 方法是否科学、适用。

2. 指标是否科学、合理。

3. 内容是否全面、客观。

4. 措施或建议是否规范、合理。

（三）评估报告撰写情况

1. 内容是否撰写完整。

2. 是否在规定时期内送达。

二、互动式培训考核指标

（一）导师资质

1. 学历、专业和从业经验是否符合要求。
2. 是否具有较好的表达和沟通能力。

（二）培训方式

1. 是否采用了互动式培训方式。
2. 培训中是否能调动听课者的积极性。
3. 听课者的配合程度。

（三）培训内容

1. 培训内容是否具有针对性、实用性，通俗易懂。
2. 培训课件制作是否符合教学要求，满足教学目标。

（四）满意度调查

听课者对授课老师进行评分。企业对授课方进行评分。

三、持续跟进回访

（一）回访形式是否符合要求。
（二）回访记录与回访报告是否符合要求。

四、效果评估定量指标

（一）是否按要求完成了所有工作。
（二）成本—效果指标：成本—效果比$\leqslant 0.8$。

（三）工伤预防知识知晓率达到≥85％。

（四）工伤预防知识、信念和行为改善提高≥20％。

（五）各企业工伤发生率下降≥20％。

（六）企业满意率≥90％。

（七）建议或改进措施落实情况≥50％。

五、效果评估定性指标

（一）在该项目实施的前五年，要求探索有效利用工伤保险基金的相关行业工伤预防专项经费支出模式，形成具有当地特色的工伤预防培训模式。

（二）在项目实施的前五年，要求编写不同行业工伤危险因素评估标准和现场互动与持续改善式工伤预防培训项目的培训教材和服务手册。

（三）为工伤预防信息化管理的建设提供一手资料。

（四）改进建议或措施落实情况。

六、档案管理

（一）是否按照档案管理要求进行整理，是否做到了及时归档。

（二）档案资料是否完整、齐全（包括企业基本信息表、协议、评估报告、培训人员名单、调查问卷）。

七、其他

（一）是否有规范的质量管理制度。

（二）工作流程图是否上墙。

八、考核办法

项目成效评估的目的是通过评估项目各个环节绩效，提高项目实施质量。现场互动与持续改善式工伤预防培训项目制定考核标准和评价等级的原则包括成效分析、满意度调查、社会影响力和可持续性。具体考核评估及评价等级见表6—1和表6—2。

表6—1　　　　现场互动与持续改善式工伤预防培训项目考核打分表

序号	考核内容	评估指标	评估标准	评估分值
1	工伤危险因素风险评估	1. 风险评估人员本科及以上学历，专业符合要求 2. 评估方法科学、合理，内容全面、客观 3. 评估报告完整、真实、科学、及时	1. 合格5分，缺少一项扣3分 2. 科学、合理、全面5分，基本合格3分，不合格0分 3. 合格5分，基本合格3分，不合格0分	总分15分
2	互动式培训	1. 培训导师的学历、专业符合要求，表达和沟通能力较好 2. 培训过程听课者的积极性及互动性高 3. 培训课件内容针对性强、合理、实用 4. 培训方式能调动员工的积极性	1. 合格5分，缺少一项扣5分 2. 积极性高、互动性强10分，互动性<60％扣5分，无互动0分 3. 针对性强、合理、实用10分，基本合格7分，不合格0分 4. 培训方式主要以讲师授课、小组讨论、模拟、案例分析等为主5分，无为0分	总分30分
3	持续跟进回访	1. 回访形式实用、有效，企业易接受 2. 回访间隔时间合理	1. 合格5分，基本合格3分，不合格0分 2. 时间间隔适度5分，基本合格3分，不合格0分	总分10分

续表

序号	考核内容	评估指标	评估标准	评估分值
4	项目效果评估考核指标完成情况	1. 定量指标：工作量、成本—效果指标，知识知晓率，知识、信念和行为改善情况，工伤发生率，企业满意率，工作环境改善情况 2. 定性指标：制定不同行业工伤预防项目实施规范，编写教材及服务手册 3. 改进措施或措施建议落实情况 4. 督促第三方及时准确发出成效评估报告	1. 较好完成 15 分，一项不符合要求扣 3 分，依此类推，直至扣完 2. 完成项目实施规范，编写教材及服务手册 10 分，缺少一项扣 5 分 3. 回访时，改进措施或建议落实到位者 5 分，易改善未改善者扣 1 分，依此类推直至扣完为止	总分 30 分
5	档案管理	1. 按照档案管理要求进行档案整理，及时归档 2. 档案资料完整、齐全（包括企业基本信息表、协议、评估报告、培训人员名单、调查问卷）	1. 档案整理、归档有序、及时 5 分，基本合格 3 分，不合格 0 分 2. 档案资料完整、齐全 5 分，缺少一项扣 3 分	总分 10 分
6	其他	1. 有规范的质量管理制度 2. 工作流程上墙	质量管理制度完整、规范，工作流程已上墙 5 分，不合格一项扣 2 分	总分 5 分

考核总分为 100 分，得分 ≥90 分为优秀；75～89 分为良好，需要对有整改或整顿的地方进行重新评估或培训或完善资料；60～74 分为合格，必须根据评估指标进行整改，待重新考核评估达到良好及以上才能支付费用，重新考核不达标者不予支付费用。

表 6—2　　　　　　　　　　项目评价等级

考核等级	分值范围	备注
优秀	≥90	按合同进行
良好	75～89	就考核意见进行整改

续表

考核等级	分值范围	备注
合格	60～74	根据考核意见进行整改，须重新考核评估，待验收后再支付费用
不合格	＜60	根据考核意见进行整改，重新考核评估，整改较好者支付 80％的费用，整改一般者支付 60％，整改不合格者不支付费用，对已支付的部分费用可要求索回

第七章 项目经费来源与支付标准

本项目收费以广州为例，主要参照目前国家人社部、广东省人社厅和广州市人社局相关支付标准，在培训费用支出标准中，也可按一节课多少钱支付，或培训一个人一天多少钱计算，详情见表7—1和表7—2。

表7—1 现场互动与持续改善式工伤预防培训项目付费标准

序号	项目名称	单位	单价（元）	项目内涵	备注
1	现场工作环境工伤危险因素评估	工种	298	工作人员通过现场职业风险评估，发现企业存在和潜在的事故隐患，对安全生产提出改善和改进措施，事后由工作人员就评估的情况编写"工作环境工伤危险因素评估报告"	参照国家人社部工伤康复服务项目及本省、市的支付标准
2	员工职业安全健康调查	人次	38	由工作人员通过"员工职业安全健康问卷"，调查参与培训的参保员工职业健康安全知、信、行情况	参照国家人社部工伤康复服务项目及本省、市的支付标准
3	基层员工互动式工伤预防培训	课时/人	8	采用50～100人左右的互动教学模式，每班平均分成3～5个小组，每个小组由1名培训导师带领，每期培训共10个课时。培训内容是根据现场工作环境工伤危险因素评估情况作为依据制定的，具有更强的针对性。培训内容包括工作环境评估方法介绍、工作环境改善、机械安全、工作岗位改善、粉尘防护、化学品安全等	参照本省、市有关培训方面的收费标准

续表

序号	项目名称	单位	单价（元）	项目内涵	备注
4	企业工伤预防委员会委员能力提升培训	课时/人	20	为了使工伤预防委员会各委员能够了解自身角色、提升能力、发挥实际作用，并指导其开展相关工作，特为工伤预防委员会委员进行能力提升培训。培训内容通常包括工伤预防委员会对企业的作用、沟通及会议技巧、工伤预防委员会委员手册等。培训时间：每期培训共20个课时	参照本省、市有关培训方面的收费标准
5	互动式工伤预防培训导师培训	课时/人	20	为使企业长期开展互动式工伤预防培训，培养自有的培训导师，特为企业推荐的导师进行导师培训。培训内容通常包括培训流程及意义、如何组织培训、培训导师手册等方面。培训时间：每期培训共30个课时	参照本省、市有关培训方面的收费标准
6	工伤预防委员会牌匾	块	据实列支，最高限额300元	对于成立了工伤预防委员会的企业，颁发工伤预防委员会牌匾	按实际生产成本计算
7	个性化培训教材制作	份	20～25	互动与持续改善项目的培训教材是针对各自工厂实际情况而特别设计，具有针对性强、实用性高的特点。包括良好的工作环境、机械安全防护、工作岗位改善及劳损的预防、粉尘及化学品的危害和防护等方面的内容	按每份资料的实际印刷、装订成本计算

表7—2　　　　　　　　项目经费构成

序号	项目名称	计价单位	单价（元）	预计企业数	预计每期培训课时数/资料份数	预计每间企业工种数/人数	预计总金额（元）
1	现场工作环境工伤危险因素评估	工种	298		—	10×2 次	
2	员工职业安全健康调查	人次	38		—	60×3 次	

续表

序号	项目名称		计价单位	单价（元）	预计企业数	预计每期培训课时数/资料份数	预计每间企业工种数/人数	预计总金额（元）
3	基层员工互动式工伤预防培训	培训费	课时/人	8		8	60×2 次	
		教材费	份	20		1	60	
4	企业工伤预防委员会委员能力提升培训	培训费	课时/人	20		8	20×2 次	
		教材费	份	25		1	20	
		牌匾费	块	300		1	—	
5	互动式工伤预防培训导师培训	培训费	课时/人	20		16	20×3 次	
		教材费	份	25		1	20	
合计								
6	项目成效评估费		按项目费用的 5％计算或打包预算					
总计								

附录1　成功案例分享——广州市工伤预防普思参与式持续改善项目专题报告

附录2　不同行业现场互动与持续改善式工伤预防培训项目实施规范

- 造船业
- 计算机及电子设备制造业
- 金属制品业
- 纺织服装、鞋、帽制造业
- 家具制造业
- 化学原料及化学制品制造业
- 印刷业
- 塑料制品业
- 食品制造业
- 交通运输业
- 建筑业

附录3　相关政策文件

附录4　工伤预防项目实施前后专家论证意见扫描件

附录5　项目开展照片资料

附录 1 成功案例分享

广州市工伤预防普思参与式持续改善项目专题报告

针对工伤预防工作实际开展情况，全国有 51 个城市（统筹地区）被确定为工伤预防试点城市，各种工伤预防工作和相关政策仍处在不断探索、总结经验的阶段。近两年广州市出台了一系列有关工伤预防的文件和政策，如：广州市人民政府印发了《广州市工伤保险若干规定》（穗府〔2014〕30 号），解决了工伤保险实践中存在的 14 个重大问题；广州市人社局会同市财政局制定了《广州市工伤保险专项经费管理办法》和《广州市工伤保险专项经费使用管理规范》；广州市人社局会同市安监局联合印发了《广州市人力资源和社会保障局 广州市安全生产监督管理局关于开展广州市工伤预防性职业健康检查与检测工作的通知》（穗人社发〔2014〕45 号）和《广州市人力资源和社会保障局 广州市安全生产监督管理局关于联合开展工伤预防及安全生产宣传培训工作的通知》（穗人社函〔2014〕2011 号）等文件。同时，广州市在学习国内外各种先进理念的基础上，结合企业生产现状、行业规模、工艺工程、职业健康安全状况、工人受教育程度及行为习惯等因素，在已有的工作基础上进一步完善和优化传统培训项目的内容和实施形式，探索出了一套企业认可度高、员工接受容易、投入小、成效显著的具有广州特色的工伤预防普思参与式职业健康培训项目（Participatory Occupational Health and Safety Improvement，POHSI）。

为充分证明工伤预防普思参与式培训持续改善项目是一种既能有效提高工人工伤预防知识、信念、行为水平，降低工伤发生率，又有较好经济效益和社会效益的工伤预防培训模式，现将 2014 年的工伤预防培训项目的数据与传统宣教式培训干预数据（数据来自广东省工伤康复中心与香港中文大学合作的科研项目）进行比较，验证其成效。现将参加工伤预防参与式培训持续改善项目的企业设为干预组，参加传统宣教式培训干预企业设为对照组。在企业接受项目培训前、培训后立即，6 个月和 1 年对参与培训的员工进行工伤预防知识、信念和行为的调查。调查问卷包含 3 个方面，每个方面各 5 个条目用来反映员工的知识、信念和行为。项目实施者在当场发放问卷，并即时收回。针对企业基本情况和安全生产情况调查，采用项目实施前后 1 年由参与企业安全主任填写。现将两组服务企业的结果分析如下：

一、工人基本信息

干预组共完成了 100 家企业 13 606 名工人的培训，对照组共完成了 50 家企业 5 106 名工人的培训。两组工人人口统计学资料间无显著性差异，具有可比性。具体情况见表 1。

表 1 　　　　　　　　　　　　工人基本信息表

组别	干预组		对照组	
	人数（n）	构成比（%）	人数（n）	构成比（%）
性别				
男	9 380	68.94	3 527	69.07
女	4 226	31.06	1 579	30.93
文化程度				
未上过学	82	0.60	56	1.10
小学	408	3.00	225	4.40
初中	4 572	33.60	2 007	39.30
高中或中专	5 715	42.00	1 792	35.10
大专及以上	2 231	16.40	842	16.50
缺失	598	4.30	184	3.60
工资水平				
<2 000	1 197	8.80	373	7.30
2 000～3 000	3 932	28.90	1 006	19.70
3 000～4 000	3 320	24.40	1 532	30.00
4 000～5 000	816	6.00	429	8.40
>5 000	382	2.80	198	3.90

组别	干预组		对照组	
	人数（n）	构成比（%）	人数（n）	构成比（%）
缺失	3 959	29.10	1 568	30.70
工伤发生情况				
无	12 518	92.004	4 296	84.14
有	435	3.196	177	3.46
缺失	653	4.800	633	12.40
职位				
一线工人	7 932	58.30	3 104	60.79
班组长	2 735	20.10	1 280	25.07
企业管理人员	2 572	18.90	406	7.95
缺失	367	2.70	316	6.19

二、两组企业参与人数与行业分布

在已完全培训的150家培训企业中，18个行业两组均有分布，且均以五金塑胶、电子和包装为主，见表2、表3。

表2　　　　　　　　不同行业分布及工人参加培训情况

行业类型	企业数			人数		
	干预组	对照组	总数	干预组	对照组	总数
包装	9	5	14	760	305	1 065
玻璃制品	2	1	3	603	236	839
电子	15	7	22	1 323	639	1 962
纺织	5	3	8	644	203	847
化工	7	4	11	795	487	1 282
家具制造	4	2	6	624	223	847
建筑	1	0	1	478	105	583
汽车配件	4	2	6	532	167	699

续表

行业类型	企业数			人数		
	干预组	对照组	总数	干预组	对照组	总数
汽车维修	3	2	5	482	151	633
食品	3	2	5	559	172	731
五金塑胶	19	10	29	1 338	513	1 851
物流	2	1	3	609	95	704
橡胶	7	3	10	1 006	491	1 497
印刷	7	3	10	1 078	480	1 558
制鞋	2	1	3	585	158	743
制药	4	2	6	1 028	361	1 389
珠宝加工	3	1	4	577	251	828
自来水生产	3	1	4	585	69	654
合计	100	50	150	13 606	5 106	18 712

表3　　　　　　　　　　企业规模分布情况

企业规模	企业数			人数		
	干预组	对照组	总数	干预组	对照组	总数
大型企业	20	10	30	3 843	1 766	5 609
中型企业	67	34	101	6 809	2 494	9 303
小型企业	13	6	19	2 954	846	3 800
合计	100	50	150	13 606	5 106	18 712

三、应答率

干预组中问卷应答率为 78.79%，培训后立即和回访调查的问卷应答率分别为 84.30% 和 72.54%；对照组问卷应答率为 73.57%，培训后立即和回访调查的问卷应答率分别为 80.29% 和 69.85%。具体情况见表4。

表 4   干预组和对照组培训后工人应答情况

组别	培训人数	培训前调查		培训后立即调查		回访调查	
		N	应答率（%）	N	应答率（%）	N	应答率（%）
干预组	9 732	7 668	78.79	6 464	84.30	5 562	72.54
对照组	4 287	3 154	73.57	2 532	80.29	2 203	69.85
合计	14 019	10 822	77.19	8 996	83.13	7 765	71.75

四、知识、信念、行为结果

1. 员工总的知识、信念、行为结果

分析两组培训前后及回访问卷得分，干预组培训后立即得分均较培训前有提高，差异有统计学意义（$P<0.05$）；回访得分较培训后立即得分有降低，知识和信念较培训前有显著差异（$P<0.05$）。对照组培训后立即得分均较培训前有提高，信念和行为得分较培训前有显著差异（$P<0.05$），回访得分下降到培训前水平。两组比较，培训前两组知识、信念、行为得分无显著差异，培训后知识得分立即有显著差异，回访知识和行为得分干预组显著高于对照组（$P<0.05$），见表 5。

表 5   两组培训员工知识、信念、行为得分比较

项目	培训前得分		培训后立即得分		回访得分	
	干预组	对照组	干预组	对照组	干预组	对照组
知识	7.17 ± 0.81	7.30 ± 1.99	$8.42\pm0.52^{\#※}$	7.67 ± 1.79	$7.74\pm0.76^{\#}$	7.14 ± 0.96
信念	6.66 ± 0.77	6.97 ± 1.40	$8.22\pm0.43^{\#}$	$7.91\pm1.22^{\#}$	$7.40\pm0.84^{※}$	6.71 ± 1.02
行为	6.15 ± 0.62	7.55 ± 1.33	$8.56\pm0.59^{\#}$	$8.13\pm1.87^{\#}$	$7.64\pm0.62^{\#※}$	6.24 ± 0.82

注："＃"与培训前比较，$P<0.05$；"※"与对照组比较，$P<0.05$。

2. 员工知识得分比较

项目设计的 6 部分培训内容均有涉及，包括人体工效学、机器安全、工作环境、化学品安全、粉尘防护和噪声防护。比较干预组和对照组 3 个时间段知识得

分，培训后立即得分和回访得分均较培训前有提高。人体工效学方面，干预组培训后立即得分和回访得分较培训前均有显著提高（$P<0.05$），培训后立即得分和回访时得分均显著高于对照组（$P<0.05$）；机器安全方面，干预组培训前、培训后立即得分和回访得分与对照组比较差异均有统计学意义（$P<0.05$）；工作环境方面，干预培训后立即得分与培训前和对照组立即得分比较差异有统计学意义（$P<0.05$），回访得分较培训前和对照组得分高，差异有统计学意义（$P<0.05$）；化学品安全方面，两组培训后立即得分和回访得分均较培训前有提高，但相互间无明显差异（$P>0.05$）；粉尘防护方面，干预组培训后立即得分较培训前有明显提高（$P<0.05$）；噪声防护方面，培训后立即得分两组均较培训前有显著提高（$P>0.05$），但相互间无显著差异（$P>0.05$），干预组回访得分与培训前差异有统计学意义（$P<0.05$）。具体情况见表6。

表6　　　　　　　　　不同培训内容知识得分比较

培训内容	培训前得分		培训后立即得分		回访得分	
	N	得分	N	得分	N	得分
人体工效学						
对照组	1 786	6.65 ± 1.50	1 649	7.08 ± 1.18	1 051	6.74 ± 1.49
干预组	3 698	7.41 ± 0.20	3 654	$8.49\pm0.17^{\#※}$	2 491	$8.02\pm0.67^{\#※}$
机械安全						
对照组	2 206	4.95 ± 2.84	2 082	5.75 ± 1.56	1 574	5.06 ± 1.18
干预组	4 863	$6.51\pm0.92^{※}$	4 703	$7.31\pm0.47^{※}$	3 264	$6.81\pm1.36^{※}$
工作环境						
对照组	2 144	6.55 ± 2.48	2 041	7.35 ± 2.48	1 167	6.87 ± 2.02
干预组	3 973	6.55 ± 1.47	3 822	$8.47\pm0.88^{\#※}$	2 572	$7.76\pm2.27^{\#※}$
化学品安全						
对照组	2 329	7.88 ± 0.86	2 235	8.32 ± 0.89	1 675	7.96 ± 0.75
干预组	4 902	7.46 ± 0.66	4 718	8.57 ± 0.59	3 517	7.91 ± 0.81
粉尘防护						
对照组	2 296	6.23 ± 2.80	2 198	7.29 ± 2.09	1 721	6.53 ± 1.84
干预组	4 465	6.30 ± 1.07	4 137	$7.87\pm0.60^{\#}$	3 811	6.62 ± 0.95

续表

培训内容	培训前得分		培训后立即得分		回访得分	
	N	得分	N	得分	N	得分
噪声防护						
对照组	2 949	6.96±3.26	2 857	7.84±2.57#	1 984	7.14±2.47
干预组	5 818	6.50±0.30	5 782	8.08±0.26#	4 201	7.40±0.45#

注："#"与培训前比较采用配对 T 检验，$P<0.05$；"※"与对照组比较采用独立样本 T 检验，$P<0.05$。

3. 员工信念得分比较

比较干预组和对照组 3 个时间段信念得分，培训后立即得分和回访得分较培训前有提高。人体工效学方面，干预组培训后立即得分和回访得分较对照组得分有显著差异（$P<0.05$）；机器安全方面，干预组培训后立即得分和回访得分与培训前比较差异均有统计学意义（$P<0.05$），回访得分较对照组得分高，差异有统计学意义（$P<0.05$）；工作环境方面，干预培训后立即得分与培训前和对照组立即得分比较差异有统计学意义（$P<0.05$）；化学品安全方面，对照组培训前得分显著高于干预组（$P<0.05$），干预组培训后立即得分和回访得分与培训前比较差异均有统计学意义（$P<0.05$）；粉尘防护方面，干预组培训后立即得分均较培训前高，回访得分较对照组高，差异均有统计学意义（$P<0.05$）；噪声防护方面，两组得分均有提高，但不显著（$P>0.05$）。具体情况见表 7。

表 7　　　　　　　　　　不同培训内容信念得分比较

培训内容	培训前得分		培训后立即得分		回访得分	
	N	得分	N	得分	N	得分
人体工效学						
对照组	1 786	5.86±1.99	1 649	6.99±1.70	1 051	5.94±1.44
干预组	3 698	6.78±0.60	3 654	8.41±0.35#※	2 491	6.90±0.54※
机械安全						
对照组	2 206	6.49±0.43	2 082	7.55±0.29	1 574	6.52±0.38
干预组	4 863	6.38±0.93	4 703	7.76±0.55#	3 264	7.39±0.63#※

续表

培训内容	培训前得分		培训后立即得分		回访得分	
	N	得分	N	得分	N	得分
工作环境						
对照组	2 144	5.74±1.91	2 041	5.83±1.37	1 167	5.81±1.85
干预组	3 973	5.70±0.73	3 822	7.07±0.28$^{\#※}$	2 572	5.74±0.80
化学品安全						
对照组	2 329	7.32±0.89	2 235	7.52±0.86	1 675	7.37±0.88
干预组	4 902	6.79±0.94$^{※}$	4 718	8.49±0.47$^{\#}$	3 517	7.58±0.94$^{\#}$
粉尘防护						
对照组	2 296	5.29±3.07	2 198	5.64±1.88	1 721	5.84±2.97
干预组	4 465	7.14±0.48$^{※}$	4 137	8.34±0.27$^{※}$	3 811	7.31±0.73$^{※}$
噪声防护						
对照组	2 949	7.55±0.57	2 857	7.34±1.49	1 984	7.61±0.68
干预组	5 818	7.10±0.29	5 782	7.91±0.48	4 201	7.80±0.23

注："＃"与培训前比较采用配对 T 检验，$P<0.05$；"※"与对照组比较采用独立样本 T 检验，$P<0.05$。

4. 员工行为得分比较

比较干预组和对照组 3 个时间段行为得分，培训后立即得分和回访得分较培训前有提高。人体工效学方面，干预组和对照组培训后立即得分较培训前有显著差异（$P<0.05$），回访得分干预组高于对照组，差异有统计学意义（$P<0.05$）；机器安全方面，干预组培训后立即得分与培训前比较差异均有统计学意义（$P<0.05$）；工作环境方面，干预培训后立即得分与培训前和对照组立即得分比较差异有统计学意义（$P<0.05$）；化学品安全方面，干预组培训后立即得分和回访得分与培训前和对照组立即得分比较差异有统计学意义（$P<0.05$），回访得分显著高于培训前（$P<0.05$）；粉尘防护方面，干预组培训后立即得分与培训前比较差异均有统计学意义（$P<0.05$）；噪声防护方面，干预组培训后立即得分与培训前比较差异有统计学意义（$P<0.05$），与对照组比较培训后立即得分和回访得分均有显著差异（$P<0.05$）。具体情况见表 8。

表 8 　　　　　　　　　　不同培训内容行为得分比较

培训内容	培训前得分		培训后立即得分		回访得分	
	N	得分	N	得分	N	得分
人体工效学						
对照组	1 786	6.57±1.66	1 649	7.68±1.40#	1 051	6.67±1.25
干预组	3 698	7.18±0.32	3 654	8.49±0.27#	2 491	7.62±0.29※
机械安全						
对照组	2 206	7.63±0.94	2 082	8.10±0.85	1 574	7.72±1.07
干预组	4 863	7.01±0.57	4 703	8.37±0.37#	3 264	7.60±0.27
工作环境						
对照组	2 144	6.76±1.47	2 041	6.73±1.93	1 167	6.71±1.34
干预组	3 973	6.68±1.19	3 822	8.30±0.66#※	2 572	7.14±0.29
化学品安全						
对照组	2 329	7.16±0.21	2 235	7.98±1.00	1 675	7.25±0.46
干预组	4 902	7.57±0.40	4 718	9.05±0.62#※	3 517	8.12±0.90#※
粉尘防护						
对照组	2 296	7.31±0.83	2 198	7.29±2.92	1 721	7.43±0.97
干预组	4 465	7.29±0.15	4 137	8.36±0.40#	3 811	7.58±0.41
噪声防护						
对照组	2 949	6.49±1.26	2 857	6.79±2.36	1 984	6.77±1.62
干预组	5 818	7.19±0.87	5 782	8.45±0.98#※	4 201	7.80±0.82※

注：“♯”与培训前比较采用配对 T 检验，$P<0.05$；“※”与对照组比较采用独立样本 T 检验，$P<0.05$。

5. 工人对两种培训的评价

干预组培训具有针对性特点，即根据各企业的工作场所情况制定课件，并用于目标企业的培训。培训过程中，干预组工人认为小组讨论和个人防护用品佩戴示范是对其较有帮助的内容。对照组工人认为个人防护用品佩戴示范和导师讲课较为有帮助（这可能与对照组没有使用参与式授课方式有关），见表 9。

表9　　　　　　　　　　　　工人认为对其有帮助的内容

培训内容	干预组（N=7 668）		对照组（N=3 154）		P
	有效应答	构成比（%）	有效应答	构成比（%）	
小组讨论	2 842	37.06	500	15.85	0.001
导师讲课	491	6.40	1 005	31.87	0.001
模拟评估	840	10.96	272	8.63	0.013
个人防护用品佩戴示范	3 074	40.09	1 141	36.19	0.010
小游戏	420	5.48	235	7.45	0.009
合计	7 668	100	3 154	100	—

　　分析工人对培训的评价中（见表10），发现6方面内容干预组工人评价率均高于对照组，干预组工人对培训能"提高职业健康安全知识"和"学会使用个人防护用品"正面评价较高，分别为95.55%和96.13%，对照组工人对这两方面的正面评价也是最高的，说明培训有助于提高工人职业健康安全知识，同时也反映工人对个人防护用品的使用和佩戴缺乏专业的培训和指导。两种培训中的"个人防护用品佩戴示范"环节对工人帮助较大，与表9结果相吻合。

表10　　　　　　　　　　　　工人对培训的评价

培训内容	干预组（N=7 668）		对照组（N=3 154）		P
	有效应答	构成比（%）	有效应答	构成比（%）	
提高职业健康安全知识	7 327	95.55	2 729	86.52	0.014
提高分析危害因素能力	6 972	90.92	2 100	66.59	0.001
学会使用个人防护用品	7 371	96.13	2 596	82.32	0.001
帮助其他工友	6 571	85.70	2 378	75.40	0.001
有信心提出建议	5 922	77.23	1 876	59.49	0.001
愿意介绍其他工人参加培训	7 327	88.77	2 119	67.18	0.001

五、企业安全行为与工伤发生情况

1. 企业作业场所环境改善情况

　　两组企业在隐患整改、安全投入、定期培训、成立安全机构等方面有显著的差异（P<0.05），见表11。

表 11 回访企业作业场所环境改善情况

项目	干预组（N＝50）		对照组（N＝50）		P
	数量	构成比（%）	数量	构成比（%）	
隐患整改企业	66	66.0	17	34.0	0.001
安全投入增长数	28	28.0	11	22.0	0.437
定期培训	84	84.0	34	68.0	0.034
成立安全机构	100	100	41	82.0	0.019

2. 企业工伤发生情况

干预组企业工伤发生率降低了 2.90‰，工伤发生率降低了一半，费用由原来的 502.7 万元降低到 217.4 万元；对照组工伤发生率和费用支出没有明显差异，见表 12。

表 12 两组企业报告工伤及费用情况

项目	干预组		对照组	
	培训前	回访	培训前	回访
总人数	61 751	60 173	24 958	23 587
工伤人数	346（5.61‰）	163（2.71‰）	136（5.45‰）	117（4.96‰）
无伤残等级人数	178	116	116	113
10 级伤残人数	104	35	10	9
9 级伤残人数	29	6	5	3
8 级伤残人数	12	5	4	1
7 级伤残人数	10	1	1	1
1 级伤残人数	0	0	0	0
死亡	1	0	0	0
总费用（万元）	502.7	217.4	257.6	239.4

分析两组企业和工人分别报告的工伤发生情况，见表 13。干预组企业和工人报告的工伤发生率均有降低，由培训前的 5.61‰ 和 31.74‰ 降到 2.71‰ 和 14.74‰，说明工伤预防参与式培训持续改善项目的实施，持续跟进，督促企业改进工作环境，对预防工伤的发生有积极促进作用。对照组企业和工人报告的工伤发生率有所降低，由培训前的 5.45‰ 和 32.52‰ 降到 4.96‰ 和 26.84‰，没有干预组的明显。说明干预组效果优于对照组。

表 13　　　　　　　　　　两组工伤费用支出情况

组别	时期	企业数	总计 （万元）	平均损失 （元）	平均缺勤天数 （天）	企业报告工伤发生率（‰）	工人报告工伤发生率（‰）
干预组	培训前	100	502.7	45 700	6.1	5.61	31.74
	回访	100	217.4	20 903	4.3	2.71	14.74
对照组	培训前	50	257.6	44 610	5.7	5.45	32.52
	回访	50	239.4	42 154	5.2	4.96	26.84

六、经济效益

1. 工伤保险基金节约情况

　　根据上述的经济损失计算方法，比较两组经济损失节约情况，如果以企业报告工伤发生率计算，干预组节约 332.7 万元，对照组节约 115.23 万元；如果以工人自己报告工伤发生率计算，干预组节约 435.67 万元，对照组节约 214.14 万元。很显然，干预组节约的费用高于对照组。具体情况见表 14。

表 14　　　　　　　　　　经济损失节约情况

组别	指标	工伤发生率	直接经济损失 （万元）	间接经济损失 （万元）	总的经济损失 （万元）
干预组	企业报告工伤发生率	5.61	271.91	60.79	332.7
	工人报告工伤发生率	31.74	354.82	80.85	435.67
对照组	企业报告工伤发生率	5.45	90.45	24.78	115.23
	工人报告工伤发生率	32.52	217.78	46.36	214.14

　　备注：①直接经济损失＝1 000 人×（培训前工伤发生率×每人平均医疗及补偿费用－培训后工伤发生率×每人平均医疗及补偿费用）。

　　　　②间接经济损失＝（误工天数×当年人均国民生产总值÷365×年龄组生产力权重）。

　　　　广州市 2013 年统计年鉴人均 GDP 为 120 515.98 元。

　　　　总人口的生产力权重加权平均取值为 0.5。

　　　　③总的经济损失＝直接经济损失＋间接经济损失。

2. 对企业生产效益的影响

完成普思培训的 100 家企业中，培训前有 58 家企业报告过去 1 年有发生工伤事故（经工伤部门已认定的），42 家报告未发生工伤事故（含工伤事故影响小，未上报的，其中中小型企业 37 家，占比 88.09％），各行业培训前后企业报告工伤情况见表 15。分析培训前后报告工伤企业和未报告工伤企业总产值、缴税额和利润情况，比较工伤发生减少对企业的发展及经济利润的影响。表 16 显示培训后企业报告工伤率和工人报告工伤率均有降低，培训后发生工伤企业在总产值正常增长的情况下，缴税额和利润较培训前有显著的提高（$P < 0.05$），未发生工伤企业缴税额和利润也有增长，但不明显。同时，培训后发生工伤企业平均缴税额和利润（166.9 万元和 221.5 万元）均高于未发生工伤企业（123.4 万元和 126.8 万元），说明降低工伤发生率能提高企业的生产效率和经济效益。这主要与工伤发生后导致误工、人员招聘、新员工入职培训和员工受伤后导致的交通、护理等费用支出有关。

表 15　　　　　　　　各行业培训前后企业报告工伤情况

行业类型	企业数	报告工伤企业数		工伤人数	
		培训前	回访	培训前	回访
包装	9	6	2	29	21
玻璃制品	2	2	2	8	3
电子	15	7	5	49	28
纺织	5	4	3	11	6
化工	7	3	1	8	5
家具制造	4	4	3	82	35
建筑	1	0	0	0	0
汽车配件	4	3	1	10	5
汽车维修	3	2	0	5	0
食品	3	1	0	1	0
五金塑胶	19	14	8	95	45
物流	2	1	1	7	3
橡胶	7	2	2	7	4

续表

行业类型	企业数	报告工伤企业数		工伤人数	
		培训前	回访	培训前	回访
印刷	7	4	3	14	4
制鞋	2	2	2	7	3
制药	4	2	2	8	3
珠宝加工	3	1	0	2	0
自来水生产	3	0	0	0	0
合计	100	58	35	343	163

表 16　　　　　　　　　　　对企业生产效益的影响

指标	发生工伤企业（$N=58$）		未发生工伤企业（$N=42$）	
	培训前	回访后	培训前	回访后
总产值（万元）	895 331	1 071 717	778 139※	902 781
缴税额（万元）	50 395	60 078#	41 033	46 214※
利润（万元）	43 872	56 719#	34 536	39 865※

注："#"与培训前比较采用配对 T 检验，$P<0.05$；"※"与发生工伤企业比较采用独立样本 T 检验，$P<0.05$。

在项目实施过程中，发现某企业在培训前 1 年和回访时工伤发生分别为 3 例（直接损失 5 万元）和 1 例（直接损失 2 万元），公司两时段的总产值分别为 1 990 万元和 2 000 万元，缴税额分别为 46 万元和 50 万元，利润分别为 37 万元和 53 万元。在企业总产值不变的情况下，培训前后缴税额和利润有了明显提高。另一包装加工企业，培训前和回访时均未报告工伤，公司两时段的总产值分别为 60 万元和 62 万元，缴税额分别为 50 万元和 50 万元，利润分别为 30 万元和 31 万元。

七、相关政府部门就普思参与式培训项目成效调研情况

2014 年 12 月 11 日，广州市人社局工伤保险处、广州市安监局和广州市基金

中心等领导，专门就工伤预防参与式培训持续改善项目成效进行了专项考核调研。此次调研包括：抽查培训企业现场调研和项目执行后资料查阅调研。在企业现场调研中，企业负责人认为该项目巡查评估环节所提出的环境改善建议很适用，很有针对性，帮助企业解除了很多事故隐患。参训员工认为该项目提高了自己识别职业危害因素和排查事故隐患的能力。广州市赛思达设备有限公司还当场赠送了锦旗给广东省工伤康复中心，并建成了首个由工伤预防专业机构和企业共建的工伤预防基地；在资料查阅过程中，调研组了解到 100 家企业接受"工伤预防参与式培训项目"后，总的工伤发生率与前一年相比从原来的 5.61‰下降到了 2.71‰，节约工伤保险基金 300 多万元，充分肯定了工伤预防参与式培训项目取得的成效。同时也希望该项目以后能在广州市大力推广，更希望能在全省乃至全国予以大力推广，对广东省工伤康复中心这种以社会为责任的创新理念给予了高度赞赏，对工伤预防科全体人员的工作能力和饱满的工作热情给予了高度评价。

八、社会效益

1. 对员工和家人的影响

工伤预防普思参与式持续改善项目在提高广大职工工伤预防意识、降低工伤发生率及经济损失的同时发挥了良好的社会效益。员工一旦发生工伤，对员工本人及其家庭、企业都是一个沉重的打击，如处理不善还容易诱发社会矛盾激化，不利于社会和谐。对员工本人而言，工伤的发生不仅对其身心造成伤害，如造成身体残障还影响其劳动能力；对其家庭而言，工伤职工受伤前往往是家庭的主要经济支柱，一旦受伤则对家庭生活质量和稳定产生极大影响，具体体现在以下几个方面：

（1）员工工伤预防意识有所加强，能有效防止工伤的发生。

据文献报道，80％的工伤事故是人为的，其中大部分是由于工伤预防意识薄弱。通过普思参与式培训持续改善项目的开展，员工本人在工伤预防、安全生产和健康意识方面有了一定的提高，工伤预防知识有所增加，能有效减少实际工作中工伤事故的发生，还能不断排查不利于生产工作的隐患，对员工的人身安全起到了重要的保障作用。同时，员工将自己所学的知识，尤其是通俗、易懂、易操作的相关知识与家人或亲朋好友分享，能影响和加强员工周边人群的工伤预防意识。

（2）心理压力有所缓解，有利于提高工作效率。

在一个工伤事故频发的单位，员工的心理紧张程度较正常人高，长期心理紧张，容易出现不同程度的心理问题，一旦心理问题严重到影响人的正常社交功能的时候就容易出现安全事故。在培训后和回访过程中，通过与员工的交谈，了解到通过普思参与式培训持续改善项目的实施，员工认为企业对个人的身心健康更加重视了，领导的工伤预防意识有所增强，员工的工伤预防意识也有了较大程度的增强，尤其有了一种被重视和关爱的感觉，上班的心理紧张程度有了明显缓解，提高了员工的积极性，最大限度发挥员工的潜能，员工工作效率有所提高，安全事故明显下降，有利于企业的生产与发展。

（3）员工的幸福感有所提高，有利于家庭和社会和谐稳定

由于工作环境、仪器设备老化等原因导致的工伤事故，不仅给患者和家庭带来了经济负担，还给患者带来了沉重的身体和心理伤害，甚至因重度受伤而导致离婚，被家人抛弃，小孩无人看管，老人无人照顾等社会问题。例如，在2012年因工烧伤患者卫生经济学研究调查中，广州市一名23岁的已婚育有一子的男性软件工程师，因工作环境中易燃物品摆放不规范引起工伤事故，导致其烧伤面积达90%，从医疗救治到康复总共花费约500多万元（不含单位支付的护理费、特殊药品的使用以及工伤保险基金的赔偿费），出院时患者生活仍不能完全自理，需要请人照护。由于毁容严重，患者不愿外出参与活动，即使进行了大量心理干预，但效果仍不理想。在生存质量测量中，患者认为活着比死亡更痛苦，多次尝试自杀。自普思参与式培训持续改善项目的实施后，企业工伤事故有所下降，能更好地保障员工的安全生产和身体健康，让员工开心上班，家人放心，员工的生存质量和幸福感明显增强，促进了社会的和谐稳定。

2. 对企业的影响

（1）现场工作环境巡查促进了企业工作环境的改善。

现场工作环境分析评估是通过职业安全健康专家对企业各主要工种的工作环境进行现场巡查评估，并通过评估报告的形式将评估发现的主要风险和改善建议提供给企业，以指导其进行改善。

在调查中，企业和员工认为工作环境巡查对企业的工伤预防指导具有非常重要的作用，认为专家在评估报告中提到的建议对企业进行工作环境改善和工伤预防管理建设具有很好的指导意义。在该项目的实施过程中，为企业提出了一系列成本低、实用强、切实可行的改善措施，企业的工作环境有了明显改善。从2014 年培训的 100 家企业来看，回访时有 66 家企业（66％）对工作环境进行了改善，有 28 家企业（18％）增加了安全和职业卫生方面的投入，100 家企业（100％）均成立了安全生产机构或部门。

（2）持续跟进回访起到了企业工作环境可持续改善的作用。

普思参与式培训持续改善项目的成效不仅体现在直接培训工人产生的效益和现场工作环境分析评估对企业工作环境改善的指导作用，还应体现在协助企业建立工伤预防委员会后对企业工作环境进行持续改善产生的积极效益和企业参与式培训导师再培训工人产生的效益。而且工伤预防委员会和参与式培训导师将会长期发挥作用。普思参与式培训持续改善项目将提供长期持续跟进回访服务。

据统计，100 家企业的工伤预防委员会及参与式培训导师，在随访期间，各企业至少组织了两次工伤预防委员会会议，讨论企业工伤预防相关事宜或组织开展工伤预防相关的培训宣传活动，对企业安全文化建设起到了促进作用。

（3）提高企业生产效率，降低重复培训的支出。

通过该项目的实施，企业中工伤事故发生率下降，员工缺勤日、缺勤率和离职率下降，员工技术掌握的熟练程度和工作效率有所提高。企业也减少了因招聘新员工、新员工入职前培训等支出，减少了企业的生产成本和费用。

3. 对社会的影响

（1）对社会的稳定起促进作用。

众所周知，社会的稳定和发展是依靠每个社区，社区的稳定和发展来自于家庭，家庭的幸福和平安，表现在每个家庭成员身上。当今，个别无良企业对因职业伤害导致的员工或因工受伤的员工所需的大笔资金，采取耍赖、拖欠、拒不承担责任或"走人"等行为，导致事件恶化，患者不得不寻求政府出面，当政府处理不当或不能满足其诉求时，就容易出现社会不和谐不稳定的局面。普思参与式培训持续改善项目的推广，能让员工加强自身安全保护，防止工伤事故的发生，促进家庭和社会的和谐稳定。在广州市推广普思参与式培训持续改善项目，是广州市创建"幸福、平安广州"的重要举措。

（2）为我国的工伤预防工作，找到了新思路和适宜模式。

目前，我国的工伤预防工作还处于思想固化、措施单一、成效有限的阶段。广州市两度成为国家人社部工伤预防试点城市之一，现已通过摸索和反复尝试，找到了一套经得起推敲，切实有效，惠及广大员工和企业的工伤预防培训模式，这是我国工伤预防工作中的重要突破，也将惠及数以万计的企业和员工家庭，为创建和谐社会，实现伟大"中国梦"尽人社部门的绵薄之力。

（3）形成了一套具有广州特色的工伤预防培训模式。

普思参与式培训持续改善项目是日本、中国香港和东南亚等国广泛使用的一套投入少、回报高，适合中小型企业工伤预防培训的项目。广州市自 2003 年开始引入该项目，在推广过程中，反复设计、修改各种调查表，对巡查方式、巡查报告的书写、培训时间、培训内容和培训方式等根据培训企业的实际情况和要求进行了多次调整。最后综合广州市企业实际情况、企业生产现状、行业规模、工艺流程、职业健康安全现状，以及工人受教育程度及行为习惯等因素，在已有的工作基础上进一步完善和优化普思项目的内容和实施形式，终于探索出了一套企业高度认可、员工容易接受、反响好、投入小、成效显著、具有广州特色的工伤预防普思职业安全健康促进项目，并取名为"现场互动与持续改善式工伤预防培训项目"。该项目与日本、中国香港的普思项目其理念、形式和目的是一致的，但因为培训对象和文化的差异，我们进行了改良，让其更适应内地企业，主要体现在以下几个不同之处。

工作流程更贴近实际。原来的普思项目其工作流程的六步是相对独立和分开的，每一步都遵循先后顺序。在项目实施中，因考虑到不影响企业的生产，将巡查和座谈放在一起，将工伤预防委员会的成立从首次访谈开始，就着手成立或将功能加入已有的组织来实现工伤预防委员会的职能。而香港的普思项目是无论单位是否具有相同职能的组织都必须成立一个工伤预防委员会，这对具有相同职能组织的企业来说，勉为其难或多此一举了（经与日本和香港方多次沟通后得知，日本或香港方企业在培训前尚未配备具有工伤预防委员会职能的组织）。

工作环境巡查方式多样化。根据企业要求，工作环境巡查采取多种方式，如请一线员工或班组长介绍各工种的工伤危险因素，根据企业工艺流程进行工作环境巡查或跟着企业员工上班一天，在企业某岗位上体验等，或通过和安全管理员充分交谈与实地巡查结合等方式。

课程设计和课程内容更加完善。在课程设计和课程内容方面有了较大改动。随着国内大学教育的普及化，网络信息的快速传播，工人文化总体水平有了很大程度的提高，工人对工伤预防知识的了解也逐渐增多，工伤预防意识也在逐步提升。根据这一点，在培训内容方面除了一些基础培训课程外，还添加了更多适合和贴近企业工伤预防方面的课件内容，如情绪管理、压力管理、意外伤害现场处理与急救常识、伤残管理等实用性和针对性更强的课程。

授课方式更具有吸引力。改良了的互动与持续改善项目采取大量的案例分析、现场观摩和小组讨论外，还增加了工伤职工的现身说法，正面案例和反面案例的对比分析，更加注重互动性、趣味性和知识性，让员工在讨论和游戏中掌握所需工伤预防知识，充分调动员工的参与性，让员工更容易接受和掌握，让员工主动参与到持续改善职业安全健康项目中来，形成一种持续改善的安全文化。

巡查、培训时间更灵活。为了避免生产和培训的冲突或矛盾，互动与持续改善项目在时间的安排上更机动、更灵活。部分培训内容充分利用企业晨训时间进行讲解和传授，让员工在不经意中接受并对某些知识进行了强化。每次培训时间尽量不超过 4 个小时，防止员工因培训时间过长而导致听课纪律松散、心理疲惫，接受程度转差。

项目实践结果表明，普思参与式培训持续改善项目有助于提高员工的知识、信念和行为，企业高度认可，员工容易接受。采用普思参与式培训持续改善项目干预过的企业，其企业工伤发生率和工人自报工伤发生率方面均明显下降，工伤预防成效显著。普思参与式培训持续改善项目具有较好的社会效益和经济效益，对员工、企业和社会都有良好的影响，值得大范围推广。

附录 2　不同行业现场互动与持续改善式工伤预防培训项目实施规范

现场互动与持续改善式工伤预防培训项目实施规范

——造船业

一、造船业工伤预防概况

近年来，广东省造船业出现平稳较快发展的势头，形成了以广州为核心，江门、中山等地为重点的船舶制造业产业分布。全省船舶企业数量近 300 家，年造船完工量超过 100 万载重吨，销售收入超 1 亿元的修造船企业达 20 多家，其中主要的船舶企业为中国船舶工业集团公司的成员单位，包括广州中船龙穴造船有限公司、广州广船国际股份有限公司、广州文冲船厂有限责任公司、广州中船黄埔造船有限公司、广州中船远航船坞有限公司 5 家修造船企业。2007 年中船集团在粤企业的造船完工量约占全省的 90%。其他国有和民营船舶企业主要有广东中远船务工程有限公司、广东浩粤船舶工业有限公司、广州航通船业有限公司、广东省机械进出口股份有限公司、中海工业有限公司菠萝庙船厂、江门市南洋船舶工程有限公司、广州番禺粤新造船有限公司、显利（珠海）造船有限公司、广东宝达游艇制造有限公司、珠海太阳鸟游艇制造有限公司、友联船厂（蛇口）有限公司等多家造船企业。该行业在生产过程中各种工伤危险因素较多，有机械伤害、物体打击、高处坠落、电焊产生的烟尘、金属锻造室的高温等危险因素；一些企业在管理中忽视了员工职业健康防护等问题；从业时间较长的员工容易患职业性噪声聋、有机溶剂中毒等职业病。此外，造船企业属于劳动密集型产业，职业病危害还具有群体性的特点，一旦发生事故或职业病事件，其社会影响将非常严重。因此，培训的重点应集中在该行业主要职业病危害因素的辨识、职业病预防、机械伤害预防等几个方面，从而使一线员工和班组长提高安全生产意识，减少工伤事故和职业病的发生。

二、实施对象

重点面向造船企业负责人、安全管理人员、班组长及一线员工代表，并逐步向全体员工推广，扩大工伤预防受益面。

三、目标

通过专业人员现场指导和培训，企业基层员工及管理人员共同参与培训和改善，建立具有针对性强、效果更优的工伤预防管理体制，创新企业安全文化，以提升企业对工伤事故和职业病的预防水平，降低工伤事故及职业病的发生率，提高工伤保险基金的有效覆盖率，减少基金支出。

四、项目实施机构与人员要求

工伤预防工作是一项政策性强、多学科交叉的系统工作，需要结合工伤保险政策法规和安全生产管理、职业病防治、安全心理学、人力资源管理等各个方面的工作，因此要根据企业的实际情况，选派专业人员组合进行现场工作环境风险评估和互动式工伤预防培训。

五、项目内容

（一）工伤危险因素风险评估

工作场所工伤危险因素风险评估主要是针对各个工种存在的工伤危险因素进行评估，采用 LEC 评价法与现场监测相结合的方法。LEC 评价法是对具有潜在危险性作业环境中的危险源进行半定量的评价方法。该方法采用与系统风险率相关的 3 个方面指标值之积来评价系统中人员伤亡风险大小，评估报告模板见本书第二章附表 4。

根据造船企业的实际情况和特点评估存在和潜在的工伤危险因素。内容包括企业工作环境、设备使用和养护情况、劳动防护、人员安排（有无带病上岗或所从事工种禁忌证）、工艺流程和工伤预防与安全生产管理制度等。巡查评估时重点关注的工艺环节有钢板预处理（喷砂除锈、预涂底漆）→钢板切割（一般分为 CNC 等离子切割、FP 火焰切割）→组装→先行搭载→试航。其中重点评估工伤风险较高的工种，如电焊工、气割工、喷涂工和打磨工等。该行业主要存在机械伤害、切割伤害、触电、铅尘、噪声等危险因素（详见下表）。

造船业工伤危险因素评估标准

类型	序号	评估内容	危险因素	可能导致的危害	控制措施
人的因素	1	工伤保险、安全作业、职业病危害因素认知程度	知识缺乏，姿势不正确，违章作业	工伤事故、职业病	DHIJKM
	2	心理和生理因素	疲劳作业，侥幸心理，带病工作，注意力不集中	工伤事故	DHIKL
	3	个人防护用品佩戴	防护用品质量不合格，未佩戴或佩戴不正确	机械伤害	DFHIJKLM
物的因素	1	起重机作业	液压（电磁）制动器、起重量限制器、力矩限制器等故障	机械伤害、高处坠物	BDEFGH
	2	机器用电	设备、机具、配电箱安装不标准、不规范，环境潮湿漏电	触电事故、火灾、爆炸	ABCDFGH
	3	油漆涂装作业	喷涂过程产生有毒有害物	中毒事件、火灾、爆炸	ADEFGHI
	4	防护装置	机械防护装置缺乏或无效	机械伤害	BDEGH
	5	职业病危害因素接触作业	粉尘、噪声、化学品（如胶水）、高温接触作业无有效防护措施和用品，无检测、无监护措施	中毒、职业病	ADEFHIJK
	6	电焊、气割	周边有易燃易爆物体，个人防护装置没有缺陷，应急预案没有制定	火灾、烧灼伤	ABCDFHIJM

续表

类型	序号	评估内容	危险因素	可能导致的危害	控制措施
物的因素	7	机动车辆运输作业	无限速、限超标识，道路不畅通，机动车故障	意外交通事故	ABCDGHI
环境因素	1	现场工作环境	作业场所光线不足，通风差，物料堆放未按要求	工伤事故	GHJKLM
	2	交叉作业	工作场所安排不合理，交叉防护措施缺失或不规范	火灾、爆炸、职业病危害	ADFHIJKL
管理因素	1	安全管理制度	企业安全管理制度未制定或不健全，执行不到位	事故易发	ABCDHJKL
	2	机械操作手册	机械操作手册缺失、不清晰、未编写，职工不按照操作手册操作机械	机械伤害	ADHI

备注：控制措施包括 A. 健全操作规程；B. 班前安全检查；C. 特殊工作持有效证件上岗；D. 对工人进行三级教育；E. 合理设计机械防护装置；F. 配备使用合格的个人防护用品；G. 定期对机械设备进行维护；H. 加强安全检查力度；I. 严格按照规范操作；J. 严格控制粉尘、噪声、化学品和废水的产生与排放；K. 严格执行卫生管理制度；L. 加强卫生检查；M. 工作场所设置符合《工业企业设计卫生标准》。

（二）工伤预防互动式培训内容

1. 工伤保险政策知识培训

针对各行业企业员工的工伤保险政策培训，必须结合《工伤保险条例》的有关规定，联系企业员工实际情况，以提高员工的工伤保险知晓率、熟悉企业参保规定、了解工伤认定流程和工伤待遇为主要目的，注重培训的普及性、针对性、参与性，同时结合当前"互联网＋""移动互联网"的应用，强化工伤保险培训的延展性和持续性，使广大企业员工能够确实了解和掌握工伤保险政策，保障自身合法权益。

2. 行业工伤事故预防知识培训

（1）造船行业常见高风险作业工种、危险源、职业危害因素辨识和防护措施。

（2）常见的职业危害因素有机器伤害、高处坠落、粉尘、高温、化学品，并着重介绍其工作环境改善措施和个人劳动防护用品正确佩戴方法。

（3）造船行业常用机械操作注意事项。

（4）加强安全生产意识，杜绝违章操作。

（5）意外伤害现场处理与院前急救常识。

（6）心理压力与情绪管理。

（三）持续跟进回访

工伤预防持续跟进回访：对现场工伤危险因素风险评估所提出的改善建议落实情况、企业工伤预防委员会的运行情况和工伤预防培训导师进行至少 6 个月的跟进，推动企业落实改善意见，使委员会成员和培训导师能够掌握所需的技能和方法，并予以必要的指导和支持，使该项目得以持续发展。具体的跟进方式有电话跟进、网络方式（邮件、QQ、微信）跟进和现场实地回访等。回访的内容包括现场工作场所工伤危险因素风险评估报告所提到的改善建议落实情况、企业员工工伤发生情况、企业工伤预防互动式培训及其他工伤预防活动开展情况、其他工伤预防相关情况和受训员工填写"职业安全健康问卷"等。

六、项目实施与考核指标

（一）项目规范

项目规范是制订评估计划、培训计划、编写教材、教师授课的基本依据。在项目实施过程中，实施机构要对企业存在的工伤危险因素进行巡查评估，在充分了解存在的和潜在的工伤危险因素、工作环境、生产工艺流程等各方面情况的基础上，依据本规范，制订科学实用的培训计划。培训内容要充分体现针对性、参与性和高效性。可结合企业实际情况，对规范中的项目内容进行适当调整和整合，突出针对性和实用性。项目结束后，按照项目考核要求对项目成效进行评估。

（二）项目计划

项目计划应对现场风险评估、培训内容、学时分配、培训教师专业、跟踪回访、成效考核等作出具体安排，对项目实施、培训方式、项目管理提出明确要求。本项目根据工伤预防"三步走"实施步骤，从点到面，以工伤保险和工伤预防为主线提高企业员工安全知识水平，减少工伤事故发生。

（三）培训方式

主要采用情景模拟、案例分析、故事说理、现身说法、小游戏、小组讨论和角色互换等互动式培训方式，最大限度地调动培训对象的积极性。

（四）考核指标

本项目提倡"积极主动参与，可持续改善"理念，实现"低成本、高回报"，提高员工和企业的工伤预防意识，减少工伤事故的发生。

1. 工作量：对造船企业的一线参保员工和班组长提供工伤预防培训（人数根据企业实际确定），并对每家企业培训 10～20 名种子选手。

2. 成本—效果指标：成本—效果比值＜0.8。

3. 职工工伤预防知识知晓率≥85％。

4. 职工工伤预防知识、信念和行为改善≥20％。

5. 企业工伤发生率下降≥20％。

6. 企业满意率≥90％。

7. 企业工作环境改善≥30％。

8. 编写造船行业职业风险评估标准、互动与持续改善项目培训教材和服务手册。

9. 为工伤预防信息化管理的建设提供一手资料。

七、监督管理及成效评估

（一）项目监督

针对本项目的实施情况，各级人社局可以定期或不定期对项目实施方进行抽查，建立合理的质量监督管理体系，如开通投诉电话、投诉邮箱、不定时抽查、电话回访或邀请第三方机构进行抽样检查。

（二）成效评估

工伤保险部门应组织专家或第三方评估机构从培训人员知信行、工伤预防知识知晓率、工伤发生率、基金使用情况和企业满意度等多个方面进行效果评估。

现场互动与持续改善式工伤预防培训项目实施规范

——计算机及电子设备制造业

一、计算机及电子设备制造业工伤预防概况

近年来广东省计算机及电子设备制造业发展迅速，速度远超全行业平均水平。在工业经济中的主导位置更加突出，通信设备、计算机、视听产品和基础元器件等产品在全国有着举足轻重的地位。

该行业在生产过程中各种工伤危险因素较多，有机械伤害、物体打击、高处坠落等危险因素；一些企业在管理中还忽视了员工职业健康防护等问题；从业时间较长的员工容易患噪声聋、有机溶剂中毒等职业病。此外，计算机及电子设备制造企业属于劳动密集型产业，职业病危害还具有群体性的特点，一旦发生事故或职业病事件，其社会影响将非常严重。因此，培训的重点应集中在该行业主要职业病危害因素的辨识、职业病预防、机械伤害预防等几个方面，从而使一线员工和班组长提高安全生产意识，减少工伤事故和职业病的发生。

二、实施对象

重点面向计算机及电子设备制造企业负责人、安全管理人员、班组长及一线员工代表，并逐步向全体员工推广，扩大工伤预防受益面。

三、目标

通过专业人员现场指导和培训，企业基层员工及管理人员共同参与培训和改善，建立具有针对性强、效果更优的工伤预防管理体制，创新企业安全文化，以提升企业对工伤事故和职业病的预防水平，降低工伤事故及职业病的发生率，提高工伤保险基金的有效覆盖率，减少基金支出。

四、项目实施机构与人员要求

工伤预防专业机构应该具有一定数量的安全生产管理、职业卫生、人力资源管理、心理咨询等方面的专业技术人才，有专门从事工伤预防工作的队伍，能为企业提供专业的工作环境现场巡查服务，并能根据企业存在和潜在的事故隐患提供实用性、针对性较强的培训内容；巡查培训后，还能持续跟踪企业的安全生产情况，并对所获得的数据进行统计学分析。人员要求包括：项目负责人、顾问团、专家库、职业卫生专业医生、安全管理人员、社会工作者、心理咨询师、人力资源管理师等。

五、项目内容

（一）工伤危险因素风险评估

工作场所工伤危险因素风险评估主要是针对各个工种存在的工伤危险因素进行评估，采用 LEC 评价法与现场监测相结合的方法。LEC 评价法是对具有潜在危险性作业环境中的危险源进行半定量的评价方法。该方法采用与系统风险率相关的 3 个方面指标值之积来评价系统中人员伤亡风险大小，评估报告模板见本书第二章附表 4。

根据计算机及电子设备制造企业的实际情况和特点评估存在的和潜在的工伤危险因素。内容包括企业工作环境、设备使用和养护情况、劳动防护、人员安排

（有无带病上岗或所从事工种禁忌证）、工艺流程和工伤预防与安全生产管理制度等。巡查评估时重点关注的工艺环节有 SMT 的 PCB 插件→焊锡→检查→计算机测试→静电处理→BT→组装 CASE→点标签→礼盒包装→装外箱。其中重点评估工伤风险较高的工种，如焊锡工、包胶工等。该行业主要存在机械伤害、切割伤害、触电、焊锡尘、化学品等危害因素（详见下表）。

计算机及电子设备制造业工伤危险因素评估标准

类型	序号	评估内容	危险因素	可能导致的危害	控制措施
人的因素	1	工伤保险、安全作业、职业病危害因素认知程度	知识缺乏，姿势不正确，违章作业	工伤事故、职业病	DHIJKM
	2	心理和生理因素	疲劳作业，侥幸心理，带病工作，注意力不集中	工伤事故	DHIKL
	3	个人防护用品佩戴	防护用品质量不合格，未佩戴或佩戴不正确	机械伤害	DFHIJKLM
物的因素	1	焊接作业	作业生产无通风设备	铅中毒、眼部疾病、尘肺	ACDEFHIJK
	2	机器用电	设备、机具、配电箱安装不标准、不规范，环境潮湿漏电	触电事故、火灾	ABCDFGH
	3	机械操作	机械带病运行	机械伤害	ADEFGHI
	4	防护装置	机械防护装置缺乏或无效	机械伤害、辐射	BDEGH
	5	职业病危害因素接触作业	粉尘、噪声、有毒化学品、高温接触作业无警示标识、无有效防护措施和用品，无检测、无监护措施	中毒、职业病	ADEFHIJK
	6	电离辐射	通风不良，长时间持续工作，仪器散热功能不良，无检测、无监护措施	血液系统疾病	ADEFHIJK
环境因素	1	现场工作环境	作业场所光线不足，通风差，物料堆放未按要求	工伤事故	GHJKLM
	2	通风情况	作业场所无通风设备或设备未运行	职业病危害	BDFHJKL
	3	交叉作业	工作场所安排不合理，交叉防护措施缺失或不规范	火灾、爆炸、职业病危害	ADFHIJKL

续表

类型	序号	评估内容	危险因素	可能导致的危害	控制措施
管理因素	1	安全管理制度	企业安全管理制度未制定或不健全，执行不到位	事故易发	ABCDHJKL
	2	机械操作手册	机械操作手册缺失、不清晰、未编写，职工不按照操作手册操作机械	机械伤害	ADHI

备注：控制措施包括 A. 健全操作规程；B. 班前安全检查；C. 特殊工作持有效证件上岗；D. 对工人进行三级教育；E. 合理设计机械防护装置；F. 配备使用合格的个人防护用品；G. 定期对机械设备进行维护；H. 加强安全检查力度；I. 严格按照规范操作；J. 严格控制粉尘、噪声、化学品和废水的产生与排放；K. 严格执行卫生管理制度；L. 加强卫生检查；M. 工作场所设置符合《工业企业设计卫生标准》。

（二）工伤预防互动式培训内容

1. 工伤保险政策知识培训

针对各行业企业员工的工伤保险政策培训，必须结合《工伤保险条例》的有关规定，联系企业员工实际情况，以提高员工的工伤保险知晓率、熟悉企业参保规定、了解工伤认定流程和工伤待遇为主要目的，注重培训的普及性、针对性、参与性，同时结合当前"互联网＋""移动互联网"的应用，强化工伤保险培训的延展性和持续性，使广大企业员工能够确实了解和掌握工伤保险政策，保障自身合法权益。

2. 行业工伤事故预防知识培训

（1）计算机及电子设备制造行业常见高风险作业工种、危险源、职业危害因素辨识和防护措施。

（2）常见的职业病危害因素有焊锡尘、高温、化学品，并着重介绍其工作环境改善措施和个人劳动防护用品正确佩戴方法。

（3）计算机及电子设备制造行业常用机械操作注意事项。

（4）加强安全生产意识，杜绝违章操作。

（5）意外伤害现场处理与院前急救常识。

（6）心理压力与情绪管理。

（三）持续跟进回访

工伤预防持续跟进回访：对现场工伤危险因素风险评估所提出的改善建议落实情况、企业工伤预防委员会的运行情况和工伤预防培训导师进行至少 6 个月的跟进，推动企业落实改善意见，使委员会成员和培训导师能够掌握所需的技能和方法，并予以必要的指导和支持，使该项目得以持续发展。具体的跟进方式有电话跟进、网络方式（邮件、QQ、微信）跟进和现场实地回访等。回访的内容包括现场工作场所工伤危险因素风险评估报告所提到的改善建议落实情况、企业员工工伤发生情况、企业工伤预防互动式培训及其他工伤预防活动开展情况、其他工伤预防相关情况和受训员工填写"职业安全健康问卷"等。

六、项目实施与考核指标

（一）项目规范

项目规范是制订评估计划、培训计划、编写教材、教师授课的基本依据。在项目实施过程中，实施机构要对企业存在的工伤危险因素进行巡查评估，在充分了解存在的和潜在的工伤危险因素、工作环境、生产工艺流程等各方面情况的基础上，依据本规范，制订科学实用的培训计划。培训内容要充分体现针对性、参与性和高效性。可结合企业实际情况，对规范中的项目内容进行适当调整和整合，突出针对性和实用性。项目结束后，按照项目考核要求对项目成效进行评估。

（二）项目计划

项目计划应对现场风险评估、培训内容、学时分配、培训教师专业、跟踪回访、成效考核等作出具体安排，对项目实施、培训方式、项目管理提出明确要求。本项目根据工伤预防"三步走"实施步骤，从点到面，以工伤保险和工伤预防为主线提高企业员工安全知识水平，减少工伤事故发生。

（三）培训方式

主要采用情景模拟、案例分析、故事说理、现身说法、小游戏、小组讨论和角色互换等互动式培训方式，最大限度地调动培训对象的积极性。

（四）考核指标

本项目提倡"积极主动参与，可持续改善"理念，实现"低成本、高回报"，提高员工和企业的工伤预防意识，减少工伤事故的发生。

1. 工作量：对计算机及电子设备制造企业的一线参保员工和班组长提供工伤预防培训（人数根据企业实际确定），并对每家企业培训 10～20 名种子选手。

2. 成本—效果指标：成本—效果比值＜0.7。

3. 职工工伤预防知识知晓率≥85％。

4. 职工工伤预防知识、信念和行为改善≥20％。

5. 企业工伤发生率下降≥20％。

6. 企业满意率≥90％。

7. 企业工作环境改善和管理制度的健全≥30％。

8. 编写计算机及电子设备制造业职业风险评估标准、互动与持续改善项目培训教材和服务手册。

9. 为工伤预防信息化管理的建设提供一手资料。

七、监督管理及成效评估

（一）项目监督

针对本项目的实施情况，各级人社局可以定期或不定期对项目实施方进行抽查，建立合理的质量监督管理体系，如开通投诉电话、投诉邮箱、不定时抽查、电话回访或邀请第三方机构进行抽样检查。

（二）成效评估

工伤保险部门应组织专家或第三方评估机构从培训人员知信行、工伤预防知识知晓率、工伤发生率、基金使用情况和企业满意度等多个方面进行效果评估。

现场互动与持续改善式工伤预防培训项目实施规范

——金属制品业

一、金属制品业工伤预防概况

金属制品业包括结构性金属制品制造、金属工具制造、集装箱及金属包装容器制造、不锈钢及类似日用金属制品制造等。广东省内金属制品加工企业众多，其分布范围广泛，但多数金属制品企业都是中小型企业，其生产所使用的设备水平均较低，生产过程中存在众多工伤危险因素，主要有机械伤害、物体打击、金属粉尘等危险因素。同时很多公司在管理中忽视员工职业健康防护等问题，员工特别是老员工存在噪声聋、手传振动病、尘肺等。金属制品业企业发生职业危害还存在群体性的特点，发生事故或职业危害的影响很大。因此，培训的重点应集中在该行业机械伤害预防、现场安全管理改善、主要职业病危害因素的辨识以及预防，从而使一线员工和班组长提高安全生产意识，减少工伤事故和职业病的发生。

二、实施对象

重点面向金属制品企业负责人、安全管理人员、班组长及一线员工代表，并逐步向全体员工推广，扩大工伤预防受益面。

三、目标

通过专业人员现场指导和培训，企业基层员工及管理人员共同参与培训和改善，建立具有针对性强、效果更优的工伤预防管理体制，创新企业安全文化，以提升企业对工伤事故和职业病的预防水平，降低工伤事故及职业病的发生率，提高工伤保险基金的有效覆盖率，减少基金支出。

四、项目实施机构与人员要求

工伤预防工作是一项政策性强、多学科交叉的系统工作，需要结合工伤保险政策法规和安全生产管理、职业病防治、安全心理学、人力资源管理等各个方面的工作，因此要根据企业的实际情况，选派专业人员组合进行现场工作环境风险评估和互动式工伤预防培训。

五、项目内容

（一）工伤危险因素风险评估

工作场所工伤危险因素风险评估主要是针对各个工种存在的工伤危险因素进行评估，采用 LEC 评价法与现场监测相结合的方法。LEC 评价法是对具有潜在危险性作业环境中的危险源进行半定量的评价方法。该方法采用与系统风险率相关的 3 个方面指标值之积来评价系统中人员伤亡风险大小，评估报告模板见本书第二章附表 4。

根据金属制品企业的实际情况和特点评估存在的和潜在的工伤危险因素。内容包括企业工作环境、设备使用和养护情况、劳动防护、人员安排（有无带病上岗或所从事工种禁忌证）、工艺流程和工伤预防与安全生产管理制度等。金属制品的生产工艺流程包括原材料→削切→焊接→打磨→喷涂烤漆→检验打包。巡查评估时重点关注的工艺环节有削切环节、焊接环节、打磨环节、喷涂烤漆环节。

该行业主要存在机械伤害、切割伤害、触电、粉尘、噪声、有毒化学品等危害因素（详见下表）。

金属制品业工伤危险因素评估标准

类型	序号	评估内容	危险因素	可能导致的危害	控制措施
人的因素	1	工伤保险、安全作业、职业病危害因素认知程度	知识缺乏，姿势不正确，违章作业	工伤事故、职业病	DHIJKM
	2	心理和生理因素	疲劳作业，侥幸心理，带病工作，注意力不集中	工伤事故	DHIKL
	3	个人防护用品佩戴	防护用品质量不合格，未佩戴或佩戴不正确	机械伤害	DFHIJKLM
物的因素	1	切削作业	机械带病运行、无防护装置、无安全进料装备	切削伤害	BDEFGH
	2	机器用电	设备、机具、配电箱安装不标准、不规范，环境潮湿漏电	触电事故、火灾	ABCDFGH
	3	机械操作	机械带病运行	机械伤害	ADEFGHI
	4	防护装置	机械防护装置缺乏或无效	机械伤害	BDEGH
	5	电焊作业	电焊作业未佩戴护目镜等防护用品	电焊弧光造成的眼部疾病	ACDEFHIJK
	6	打磨	未设置防护装置，无有效防护措施，无定期检测，无监护	尘肺、噪声聋	ADEFHIJK
	7	喷涂	未单独空间作业，未正确佩戴个人防护用品，无有效防护措施，无定期检测，无监护	中毒、职业病	ADEFHIJKM
	8	高温作用	无改良工作作息表，无有效防护措施和防温降暑措施	中暑	ADEFHIJK
	9	铸造	无有效防护措施，无定期检测和监护	噪声聋	ADEFHIJK

续表

类型	序号	评估内容	危险因素	可能导致的危害	控制措施
环境因素	1	现场工作环境	作业场所光线不足，通风差，物料堆放未按要求	工伤事故	GHJKLM
	2	交叉作业	工作场所安排不合理，交叉防护措施缺失或不规范	火灾、爆炸、职业病危害	ADFHIJKL
管理因素	1	安全管理制度	企业安全管理制度未制定或不健全，执行不到位	事故易发	ABCDHJKL
	2	机械操作手册	机械操作手册缺失、不清晰、未编写，职工不按照操作手册操作机械	机械伤害	ADHI

备注：控制措施包括 A. 健全操作规程；B. 班前安全检查；C. 特殊工作持有效证件上岗；D. 对工人进行三级教育；E. 合理设计机械防护装置；F. 配备使用合格的个人防护用品；G. 定期对机械设备进行维护；H. 加强安全检查力度；I. 严格按照规范操作；J. 严格控制粉尘、噪声、化学品和废水的产生与排放；K. 严格执行卫生管理制度；L. 加强卫生检查；M. 工作场所设置符合《工业企业设计卫生标准》。

（二）工伤预防互动式培训内容

1. 工伤保险政策知识培训

针对各行业企业员工的工伤保险政策培训，必须结合《工伤保险条例》的有关规定，联系企业员工实际情况，以提高员工的工伤保险知晓率、熟悉企业参保规定、了解工伤认定流程和工伤待遇为主要目的，注重培训的普及性、针对性、参与性，同时结合当前"互联网＋""移动互联网"的应用，强化工伤保险培训的延展性和持续性，使广大企业员工能够确实了解和掌握工伤保险政策，保障自身合法权益。

2. 行业工伤事故预防知识培训

（1）金属制品业常见高风险作业工种、危险源、职业危害因素辨识和防护措施。

（2）常见的职业病危害因素有粉尘、噪声、化学品及其危害，并着重介绍其工作环境改善措施和个人劳动防护用品正确佩戴方法。

（3）金属制品业常用机械操作注意事项。

（4）加强安全生产意识，杜绝违章操作。

（5）意外伤害现场处理与院前急救常识。

（6）心理压力与情绪管理。

（三）持续跟进回访

工伤预防持续跟进回访：对现场工伤危险因素风险评估所提出的改善建议落实情况、企业工伤预防委员会的运行情况和工伤预防培训导师进行至少 6 个月的跟进，推动企业落实改善意见，使委员会成员和培训导师能够掌握所需的技能和方法，并予以必要的指导和支持，使该项目得以持续发展。具体的跟进方式有电话跟进、网络方式（邮件、QQ、微信）跟进和现场实地回访等。回访的内容包括现场工作场所工伤危险因素风险评估报告所提到的改善建议落实情况、企业员工工伤发生情况、企业工伤预防互动式培训及其他工伤预防活动开展情况、其他工伤预防相关情况和受训员工填写"职业安全健康问卷"等。

六、项目实施与考核指标

（一）项目规范

项目规范是制订评估计划、培训计划、编写教材、教师授课的基本依据。在项目实施过程中，实施机构要对企业存在的工伤危险因素进行巡查评估，在充分了解存在的和潜在的工伤危险因素、工作环境、生产工艺流程等各方面情况的基础上，依据本规范，制订科学实用的培训计划。培训内容要充分体现针对性、参与性和高效性。可结合企业实际情况，对规范中的项目内容进行适当调整和整合，突出针对性和实用性。项目结束后，按照项目考核要求对项目成效进行评估。

（二）项目计划

项目计划应对现场风险评估、培训内容、学时分配、培训教师专业、跟踪回访、成效考核等作出具体安排，对项目实施、培训方式、项目管理提出明确要求。本项目根据工伤预防"三步走"实施步骤，从点到面，以工伤保险和工伤预防为主线提高企业员工安全知识水平，减少工伤事故发生。

（三）培训方式

主要采用情景模拟、案例分析、故事说理、现身说法、小游戏、小组讨论和角色互换等互动式培训方式，最大限度地调动培训对象的积极性。

（四）考核指标

本项目提倡"积极主动参与，可持续改善"理念，实现"低成本、高回报"，提高员工和企业的工伤预防意识，减少工伤事故的发生。

1. 工作量：对金属制品业企业的一线参保员工和班组长提供工伤预防培训（人数根据企业实际确定），并对每家企业培训 10～20 名种子选手。

2. 成本—效果指标：成本—效果比值＜0.7。

3. 职工工伤预防知识知晓率≥85％。

4. 职工工伤预防知识、信念和行为改善≥20％。

5. 企业工伤发生率下降≥10％。

6. 企业满意率≥90％。

7. 编写金属制品业职业风险评估标准、互动与持续改善项目培训教材和服务手册。

8. 为工伤预防信息化管理的建设提供一手资料。

七、监督管理及成效评估

（一）项目监督

针对本项目的实施情况，各级人社局可以定期或不定期对项目实施方进行抽查，建立合理的质量监督管理体系，如开通投诉电话、投诉邮箱、不定时抽查、电话回访或邀请第三方机构进行抽样检查。

（二）成效评估

工伤保险部门应组织专家或第三方评估机构从培训人员知信行、工伤预防知识知晓率、工伤发生率、基金使用情况和企业满意度等多个方面进行效果评估。

现场互动与持续改善式工伤预防培训项目实施规范

——纺织服装、鞋、帽制造业

一、纺织服装、鞋、帽制造业工伤预防概况

纺织服装、鞋、帽制造业是较典型的劳动密集型产业，具有高效率、高劳动强度、低成本、低附加值等特点，改革开放初期以来就形成了以广州、东莞、惠东等地为代表的广东服装、鞋帽基地。

纺织服装、鞋、帽制造主要以棉料、化学纤维、塑胶、皮革为原材料，工艺流程主要为原材料裁切→注塑→缝纫→黏胶→包装等。由此可见，纺织服装、鞋、帽制造业主要的工伤危险因素包括机械伤害、粉尘、有机溶剂等。因此，培训的重点应集中在该行业机械使用安全知识、粉尘危害因素辨识及防护、常用有机溶剂辨识及防护等几个方面。

二、实施对象

重点面向纺织服装、鞋、帽制造企业负责人、安全管理人员、班组长及一线员工代表，并逐步向全体员工推广，扩大工伤预防受益面。

三、目标

通过专业人员现场指导和培训，企业基层员工及管理人员共同参与培训和改善，建立具有针对性强、效果更优的工伤预防管理体制，创新企业安全文化，以提升企业对工伤事故和职业病的预防水平，降低工伤事故及职业病的发生率，提高工伤保险基金的有效覆盖率，减少基金支出。

四、项目实施机构与人员要求

工伤预防工作是一项政策性强、多学科交叉的系统工作，需要结合工伤保险政策法规和安全生产管理、职业病防治、安全心理学、人力资源管理等各个方面的工作，因此要根据企业的实际情况，选派专业人员组合进行现场工作环境风险评估和互动式工伤预防培训。

五、项目内容

（一）工伤危险因素风险评估

工作场所工伤危险因素风险评估主要是针对各个工种存在的工伤危险因素进行评估，采用 LEC 评价法与现场监测相结合的方法。LEC 评价法是对具有潜在危险性作业环境中的危险源进行半定量的评价方法。该方法采用与系统风险率相关的 3 个方面指标值之积来评价系统中人员伤亡风险大小，评估报告模板见本书第二章附表 4。

根据纺织服装、鞋、帽制造企业的实际情况和特点评估存在的和潜在的工伤危险因素。内容包括企业工作环境、设备使用和养护情况、劳动防护、人员安排（有无带病上岗或所从事工种禁忌证）、工艺流程和工伤预防与安全生产管理制度等。纺织服装、鞋、帽制造的生产工艺流程包括原材料裁切→注塑→缝纫→黏胶→包装等。巡查评估时重点关注裁切、缝纫、黏胶环节的岗位和工种。该行业主要存在机械伤害、切割伤害、化学品危害、噪声等危害因素（详见下表）。

纺织服装、鞋、帽制造业工伤危险因素评估标准

类型	序号	评估内容	危险因素	可能导致的危害	控制措施
人的因素	1	工伤保险、安全作业、职业病危害因素认知程度	知识缺乏，姿势不正确，违章作业	工伤事故、职业病	DHIJKM
	2	心理和生理因素	疲劳作业，侥幸心理，带病工作，注意力不集中	工伤事故	DHIKL
	3	个人防护用品佩戴	防护用品质量不合格，未佩戴或佩戴不正确	机械伤害	DFHIJKLM
物的因素	1	裁切作业	无防护装置或防护装置失效	裁切伤害	BDEFGH
	2	机器用电	设备、机具、配电箱安装不标准、不规范，环境潮湿漏电	触电事故、火灾	ABCDFGH
	3	机械操作	机械带病运行	机械伤害	ADEFGHI
	4	防护装置	机械防护装置缺乏或无效	机械伤害	BDEGH
	5	职业病危害因素接触作业	粉尘、噪声、化学品（如胶水）、高温接触作业无有效防护措施和用品，无检测、无监护措施	中毒、职业病	ADEFHIJK
环境因素	1	现场工作环境	作业场所光线不足，通风差，物料堆放未按要求	工伤事故	GHJKLM
	2	交叉作业	工作场所安排不合理，交叉防护措施缺失或不规范	火灾、爆炸、职业病危害	ADFHIJKL
管理因素	1	安全管理制度	企业安全管理制度未制定或不健全，执行不到位	事故易发	ABCDHJKL
	2	机械操作手册	机械操作手册缺失、不清晰、未编写，职工不按照操作手册操作机械	机械伤害	ADHI

　　备注：控制措施包括 A. 健全操作规程；B. 班前安全检查；C. 特殊工作持有效证件上岗；D. 对工人进行三级教育；E. 合理设计机械防护装置；F. 配备使用合格的个人防护用品；G. 定期对机械设备进行维护；H. 加强安全检查力度；I. 严格按照规范操作；J. 严格控制粉尘、噪声、化学品和废水的产生与排放；K. 严格执行卫生管理制度；L. 加强卫生检查；M. 工作场所设置符合《工业企业设计卫生标准》。

（二）工伤预防互动式培训内容

1. 工伤保险政策知识培训

针对各行业企业员工的工伤保险政策培训，必须结合《工伤保险条例》的有关规定，联系企业员工实际情况，以提高员工的工伤保险知晓率、熟悉企业参保规定、了解工伤认定流程和工伤待遇为主要目的，注重培训的普及性、针对性、参与性，同时结合当前"互联网＋""移动互联网"的应用，强化工伤保险培训的延展性和持续性，使广大企业员工能够确实了解和掌握工伤保险政策，保障自身合法权益。

2. 行业工伤事故预防知识培训

（1）纺织服装、鞋、帽制造行业常见高风险作业工种、危险源、职业危害因素辨识和防护措施。

（2）常见的职业病危害因素有化学品及其危害，并着重介绍其工作环境改善措施和个人劳动防护用品正确佩戴方法。

（3）纺织服装、鞋、帽制造行业常用机械操作注意事项。

（4）加强安全生产意识，杜绝违章操作。

（5）意外伤害现场处理与院前急救常识。

（6）心理压力与情绪管理。

（三）持续跟进回访

工伤预防持续跟进回访：对现场工伤危险因素风险评估所提出的改善建议落实情况、企业工伤预防委员会的运行情况和工伤预防培训导师进行至少 6 个月的跟进，推动企业落实改善意见，使委员会成员和培训导师能够掌握所需的技能和方法，并予以必要的指导和支持，使该项目得以持续发展。具体的跟进方式有电话跟进、网络方式（邮件、QQ、微信）跟进和现场实地回访等。回访的内容包括现场工作场所工伤危险因素风险评估报告所提到的改善建议落实情况、企业员工工伤发生情况、企业工伤预防互动式培训及其他工伤预防活动开展情况、其他工伤预防相关情况和受训员工填写"职业安全健康问卷"等。

六、项目实施与考核指标

（一）项目规范

项目规范是制订评估计划、培训计划、编写教材、教师授课的基本依据。在项目实施过程中，实施机构要对企业存在的工伤危险因素进行巡查评估，在充分了解存在的和潜在的工伤危险因素、工作环境、生产工艺流程等各方面情况的基础上，依据本规范，制订科学实用的培训计划。培训内容要充分体现针对性、参与性和高效性。可结合企业实际情况，对规范中的项目内容进行适当调整和整合，突出针对性和实用性。项目结束后，按照项目考核要求对项目成效进行评估。

（二）项目计划

项目计划应对现场风险评估、培训内容、学时分配、培训教师专业、跟踪回访、成效考核等作出具体安排，对项目实施、培训方式、项目管理提出明确要求。本项目根据工伤预防"三步走"实施步骤，从点到面，以工伤保险和工伤预防为主线提高企业员工安全知识水平，减少工伤事故发生。

（三）培训方式

主要采用情景模拟、案例分析、故事说理、现身说法、小游戏、小组讨论和角色互换等互动式培训方式，最大限度地调动培训对象的积极性。

（四）考核指标

本项目提倡"积极主动参与，可持续改善"理念，实现"低成本、高回报"，提高员工和企业的工伤预防意识，减少工伤事故的发生。

1. 工作量：对纺织服装、鞋、帽制造企业的一线参保员工和班组长提供工伤预防培训（人数根据企业实际确定），并对每家企业培训 10～20 名种子选手。

2. 成本—效果指标：成本—效果比值＜0.7。

3. 职工工伤预防知识知晓率≥85％。

4. 职工工伤预防知识、信念和行为改善≥20％。

5. 企业工伤发生率下降≥20％。

6. 企业满意率≥90％。

7. 企业工作环境改善≥20％。

8. 编写纺织服装、鞋、帽制造行业职业风险评估标准、互动与持续改善项目培训教材和服务手册。

9. 为工伤预防信息化管理的建设提供一手资料。

七、监督管理及成效评估

（一）项目监督

针对本项目的实施情况，各级人社局可以定期或不定期对项目实施方进行抽查，建立合理的质量监督管理体系，如开通投诉电话、投诉邮箱、不定时抽查、电话回访或邀请第三方机构进行抽样检查。

（二）成效评估

工伤保险部门应组织专家或第三方评估机构从培训人员知信行、工伤预防知识知晓率、工伤发生率、基金使用情况和企业满意度等多个方面进行效果评估。

现场互动与持续改善式工伤预防培训项目实施规范

——家具制造业

一、家具制造业工伤预防概况

广东省是我国家具制造大省和出口大省，拥有家具制造企业 8 000 余家，产值占全国的 1/3，出口占全国的 40％。近年来广东家具制造业发展迅速，从业人员队伍已扩大到约 200 万人，呈现出年轻化与高学历两大趋势。保证家具制造业劳动者健康安全，对维护社会稳定、建设幸福广州、共筑中国梦具有非常重要的意义。但家具制造业具有火灾隐患大、机械加工复杂、工作环境危险大、职业病危害因素多等特点，导致事故发生率高，财产损失也较大。工伤预防是避免和减少工伤事故和职业病的发生，有效保障职工的生命安全，减少企业经济损失，促进社会和谐稳定发展的首要手段。目前，广东省家具制造企业开展工伤预防工作还较少，员工工伤事故时有发生。如何通过有效的工伤预防手段提高企业及员工工伤预防意识，如何从源头上减少工伤事故的发生，这一系列问题迫在眉睫，亟待解决。

二、实施对象

重点面向家具制造企业负责人、安全管理人员、班组长及一线员工代表，并逐步向全体员工推广，扩大工伤预防受益面。

三、目标

通过专业人员现场指导和培训，企业基层员工及管理人员共同参与培训和改善，建立具有针对性强、效果更优的工伤预防管理体制，创新企业安全文化，以提升企业对工伤事故和职业病的预防水平，降低工伤事故及职业病的发生率，提高工伤保险基金的有效覆盖率，减少基金支出。

四、项目实施机构与人员要求

工伤预防工作是一项政策性强、多学科交叉的系统工作，需要结合工伤保险政策法规和安全生产管理、职业病防治、安全心理学、人力资源管理等各个方面的工作，因此要根据企业的实际情况，选派专业人员组合进行现场工作环境风险评估和互动式工伤预防培训。

五、项目内容

（一）工伤危险因素风险评估

工作场所工伤危险因素风险评估主要是针对各个工种存在的工伤危险因素进行评估，采用 LEC 评价法与现场监测相结合的方法。LEC 评价法是对具有潜在危险性作业环境中的危险源进行半定量的评价方法。该方法采用与系统风险率相关的 3 个方面指标值之积来评价系统中人员伤亡风险大小，评估报告模板见本书第二章附表 4。

根据家具制造企业的实际情况和特点评估存在的和潜在的工伤危险因素。内容包括企业工作环境、设备使用和养护情况、劳动防护、人员安排（有无带病上岗或所从事工种禁忌证）、工艺流程和工伤预防与安全生产管理制度等。现代家具生产工艺主要有 5 个流程：配料→白坯加工→组装→涂装→包装。其中配料中的切床、压刨、开料锯、平刨、铣床、拼板机、带锯、四面刨和涂装中的破坏处理（敲打、虫孔、沟槽、锉边等）、吹灰、喷底色、封闭漆、打磨、擦色、干燥、第一道底漆、打磨、喷点、干刷等必须重点巡查。该行业主要存在机械伤害、触电、粉尘、噪声等危险因素（详见下表）。

家具制造业工伤危险因素评估标准

类型	序号	评估内容	危险因素	可能导致的危害	控制措施
人的因素	1	工伤保险、安全作业、职业病危害因素认知程度	知识缺乏，姿势不正确，违章作业	工伤事故、职业病	DHIJKM
	2	心理和生理因素	疲劳作业，侥幸心理，带病工作，注意力不集中	工伤事故	DHIKL
	3	个人防护用品佩戴	防护用品质量不合格，未佩戴或佩戴不正确	机械伤害	DFHIJKLM

续表

类型	序号	评估内容	危险因素	可能导致的危害	控制措施
物的因素	1	切割作业	家具原材料切割机故障，无防护装置	切割伤害、刀具蹦出伤害	ACDEFHIJK
	2	刨花作业	操作双轴立铣时未严格执行操作规程，未佩戴防护用品	刨花伤害	ABDEFGJ
	3	机器用电	设备、机具、配电箱安装不标准、不规范，环境潮湿漏电	触电事故、火灾	ABCDFGH
	4	机械操作	机械带病运行	机械伤害	ADEFGHI
	5	防护装置	机械防护装置缺乏或无效	机械伤害、辐射	BDEGH
	6	职业病危害因素接触作业	粉尘、噪声、化学物接触作业无有效防护措施和用品，无检测、无监护措施	中毒、职业病	ADEFHIJK
	7	喷涂作业	防护装置不达标准，未分开作业，喷涂原料质量不合格	中毒、职业病	ADEFHIJKM
环境因素	1	现场工作环境	作业场所光线不足，通风差，物料堆放未按要求	工伤事故	GHJKLM
	2	交叉作业	工作场所安排不合理，交叉防护措施缺失或不规范	火灾、职业病危害	ADFHIJKL
管理因素	1	安全管理制度	企业安全管理制度未制定或不健全，执行不到位	事故易发	ABCDHJKL
	2	机械操作手册	机械操作手册缺失、不清晰、未编写，职工不按照操作手册操作机械	机械伤害	ADHI

备注：控制措施包括 A. 健全操作规程；B. 班前安全检查；C. 特殊工作持有效证件上岗；D. 对工人进行三级教育；E. 合理设计机械防护装置；F. 配备使用合格的个人防护用品；G. 定期对机械设备进行维护；H. 加强安全检查力度；I. 严格按照规范操作；J. 严格控制粉尘、噪声、化学品和废水的产生与排放；K. 严格执行卫生管理制度；L. 加强卫生检查；M. 工作场所设置符合《工业企业设计卫生标准》。

（二）工伤预防互动式培训内容

1. 工伤保险政策知识培训

针对各行业企业员工的工伤保险政策培训，必须结合《工伤保险条例》的有关规定，联系企业员工实际情况，以提高员工的工伤保险知晓率、熟悉企业参保规定、了解工伤认定流程和工伤待遇为主要目的，注重培训的普及性、针对性、参与性，同时结合当前"互联网＋""移动互联网"的应用，强化工伤保险培训的延展性和持续性，使广大企业员工能够确实了解和掌握工伤保险政策，保障自身合法权益。

2. 行业工伤事故预防知识培训

（1）家具制造行业常见高风险作业工种、危险源、职业危害因素辨识和防护措施。

（2）常见的职业病危害因素有化学品、粉尘、噪声及其危害，并着重介绍其工作环境改善措施和个人劳动防护用品正确佩戴方法。

（3）家具制造行业常用机械操作注意事项。

（4）加强安全生产意识，杜绝违章操作。

（5）意外伤害现场处理与院前急救常识。

（6）心理压力与情绪管理。

（三）持续跟进回访

工伤预防持续跟进回访：对现场工伤危险因素风险评估所提出的改善建议落实情况、企业工伤预防委员会的运行情况和工伤预防培训导师进行至少 6 个月的跟进，推动企业落实改善意见，使委员会成员和培训导师能够掌握所需的技能和方法，并予以必要的指导和支持，使该项目得以持续发展。具体的跟进方式有电话跟进、网络方式（邮件、QQ、微信）跟进和现场实地回访等。回访的内容包括现场工作场所工伤危险因素风险评估报告所提到的改善建议落实情况、企业员工工伤发生情况、企业工伤预防互动式培训及其他工伤预防活动开展情况、其他工伤预防相关情况和受训员工填写"职业安全健康问卷"等。

六、项目实施与考核指标

(一) 项目规范

项目规范是制订评估计划、培训计划、编写教材、教师授课的基本依据。在项目实施过程中，实施机构要对企业存在的工伤危险因素进行巡查评估，在充分了解存在的和潜在的工伤危险因素、工作环境、生产工艺流程等各方面情况的基础上，依据本规范，制订科学实用的培训计划。培训内容要充分体现针对性、参与性和高效性。可结合企业实际情况，对规范中的项目内容进行适当调整和整合，突出针对性和实用性。项目结束后，按照项目考核要求对项目成效进行评估。

(二) 项目计划

项目计划应对现场风险评估、培训内容、学时分配、培训教师专业、跟踪回访、成效考核等作出具体安排，对项目实施、培训方式、项目管理提出明确要求。本项目根据工伤预防"三步走"实施步骤，从点到面，以工伤保险和工伤预防为主线提高企业员工安全知识水平，减少工伤事故发生。

(三) 培训方式

主要采用情景模拟、案例分析、故事说理、现身说法、小游戏、小组讨论和角色互换等互动式培训方式，最大限度地调动培训对象的积极性。

(四) 考核指标

本项目提倡"积极主动参与，可持续改善"理念，实现"低成本、高回报"，提高员工和企业的工伤预防意识，减少工伤事故的发生。

1. 工作量：对家具制造企业的一线参保员工和班组长提供工伤预防培训（人数根据企业实际确定），并对每家企业培训 10～20 名种子选手。

2. 成本—效果指标：成本—效果比值＜0.7。

3. 职工工伤预防知识知晓率≥85％。

4. 职工工伤预防知识、信念和行为改善≥20％。

5. 企业工伤发生率下降≥20％。

6. 企业满意率≥90％。

7. 编写家具制造行业职业风险评估标准、互动与持续改善项目培训教材和服务手册。

8. 为工伤预防信息化管理的建设提供一手资料。

七、监督管理及成效评估

（一）项目监督

针对本项目的实施情况，各级人社局可以定期或不定期对项目实施方进行抽查，建立合理的质量监督管理体系，如开通投诉电话、投诉邮箱、不定时抽查、电话回访或邀请第三方机构进行抽样检查。

（二）成效评估

工伤保险部门应组织专家或第三方评估机构从培训人员知信行、工伤预防知识知晓率、工伤发生率、基金使用情况和企业满意度等多个方面进行效果评估。

现场互动与持续改善式工伤预防培训项目实施规范

——化学原料及化学制品制造业

一、化学原料及化学制品制造业工伤预防概况

广东省内的大型危险化学品生产企业很多，现在主要集中在部分城市的化工

产业园区内。化学原料及化学制品制造企业作为基础产业的一部分，仍大量存在，其分布范围广泛。该行业属于高风险行业，不但有火灾、爆炸等危险因素，还存在多种职业病危害因素，如各种形式的职业性呼吸系统疾病、职业性皮肤病、职业性眼病、职业性化学品中毒和职业性肿瘤等。因此，培训的重点应集中在消防安全、主要职业病危害因素的辨识及预防等几个方面，从而使一线员工和班组长提高安全生产意识，减少工伤事故和职业病的发生。

二、实施对象

重点面向化学原料及化学制品企业负责人、安全管理人员、班组长及一线员工代表，并逐步向全体员工推广，扩大工伤预防受益面。

三、目标

通过专业人员现场指导和培训，企业基层员工及管理人员共同参与培训和改善，建立具有针对性强、效果更优的工伤预防管理体制，创新企业安全文化，以提升企业对工伤事故和职业病的预防水平，降低工伤事故及职业病的发生率，提高工伤保险基金的有效覆盖率，减少基金支出。

四、项目实施机构与人员要求

工伤预防工作是一项政策性强、多学科交叉的系统工作，需要结合工伤保险政策法规和安全生产管理、职业病防治、安全心理学、人力资源管理等各个方面的工作，因此要根据企业的实际情况，选派专业人员组合进行现场工作环境风险评估和互动式工伤预防培训。

五、项目内容

（一）工伤危险因素风险评估

工作场所工伤危险因素风险评估主要是针对各个工种存在的工伤危险因素进行评估，采用 LEC 评价法与现场监测相结合的方法。LEC 评价法是对具有潜在危险性作业环境中的危险源进行半定量的评价方法。该方法采用与系统风险率相关的 3 个方面指标值之积来评价系统中人员伤亡风险大小，评估报告模板见本书第二章附表 4。

根据化学原料及化学制品制造企业的实际情况和特点评估存在的和潜在的工伤危险因素。内容包括企业工作环境、设备使用和养护情况、消防设施、劳动防护、人员安排（有无带病上岗或所从事工种禁忌证）、工艺流程和工伤预防与安全生产管理制度等。其中重点巡查设备使用及维护、劳动防护用品佩戴情况、化学品泄漏或中毒应急措施等。该行业主要存在火灾爆炸、泄漏、化学品危害、噪声等危害因素（详见下表）。

化学原料及化学制品制造业工伤危险因素评估标准

类型	序号	评估内容	危险因素	可能导致的危害	控制措施
人的因素	1	工伤保险、安全作业、职业病危害因素认知程度	知识缺乏，姿势不正确，违章作业	工伤事故、职业病	DHIJKM
	2	心理和生理因素	疲劳作业，侥幸心理，带病工作，注意力不集中	工伤事故	DHIKL
	3	个人防护用品佩戴	防护用品质量不合格，未佩戴或佩戴不正确	机械伤害	DFHIJKLM
物的因素	1	装、卸车作业	接口松动	化学品泄漏、爆炸	ABDEFGHIJ
	2	机器用电	设备、机具、配电箱安装不标准、不规范，环境潮湿漏电	触电事故、火灾	ABCDFGH

续表

类型	序号	评估内容	危险因素	可能导致的危害	控制措施
物的因素	3	管道巡查	阀门腐化	爆炸	ABDEFGHI
	4	防护装置	报警装置缺乏或无效	爆炸	BDEGHJ
	5	高处作业	高空作业无防护网、防护栏等设施，安全带有缺陷	高处坠落	DEFH
	6	危险化学品使用	化学品标识不明显，无有效防护措施和用品，无检测、无监护、无报警系统	中毒、职业病	ADEFHIJK
环境因素	1	现场工作环境	作业场所通风差，密闭性差	泄漏、中毒	BGEFHJKM
	2	交叉作业	工作场所安排不合理，交叉防护措施缺失或不规范	火灾、爆炸、职业病危害	ADFHIJKL
管理因素	1	安全管理制度	企业安全管理制度未制定或不健全，执行不到位	事故易发	ABCDHJKL
	2	机械操作手册	机械操作手册缺失、不清晰、未编写，职工不按照操作手册操作机械	机械伤害	ADHI

备注：控制措施包括 A. 健全操作规程；B. 班前安全检查；C. 特殊工作持有效证件上岗；D. 对工人进行三级教育；E. 合理设计机械防护装置；F. 配备使用合格的个人防护用品；G. 定期对机械设备进行维护；H. 加强安全检查力度；I. 严格按照规范操作；J. 严格控制粉尘、噪声、化学品和废水的产生与排放；K. 严格执行卫生管理制度；L. 加强卫生检查；M. 工作场所设置符合《工业企业设计卫生标准》。

（二）工伤预防互动式培训内容

1. 工伤保险政策知识培训

针对各行业企业员工的工伤保险政策培训，必须结合《工伤保险条例》的有关规定，联系企业员工实际情况，以提高员工的工伤保险知晓率、熟悉企业参保规定、了解工伤认定流程和工伤待遇为主要目的，注重培训的普及性、针对性、参与性，同时结合当前"互联网＋""移动互联网"的应用，强化工伤保险培训的延展性和持续性，使广大企业员工能够确实了解和掌握工伤保险政策，保障自身合法权益。

2. 行业工伤事故预防知识培训

（1）化学原料及化学制品制造行业常见高风险作业工种、危险源、职业危害因素辨识和防护措施。

（2）常见的职业病危害因素有化学品、高温及其危害，并着重介绍其工作环境改善措施和个人劳动防护用品正确佩戴方法。

（3）化学原料及化学制品制造行业常用机械操作注意事项。

（4）加强安全生产意识，杜绝违章操作。

（5）常见化学品中毒现场处理与烧烫伤现场急救处理。

（6）心理压力与情绪管理。

（三）持续跟进回访

工伤预防持续跟进回访：对现场工伤危险因素风险评估所提出的改善建议落实情况、企业工伤预防委员会的运行情况和工伤预防培训导师进行至少 6 个月的跟进，推动企业落实改善意见，使委员会成员和培训导师能够掌握所需的技能和方法，并予以必要的指导和支持，使该项目得以持续发展。具体的跟进方式有电话跟进、网络方式（邮件、QQ、微信）跟进和现场实地回访等。回访的内容包括现场工作场所工伤危险因素风险评估报告所提到的改善建议落实情况、企业员工工伤发生情况、企业工伤预防互动式培训及其他工伤预防活动开展情况、其他工伤预防相关情况和受训员工填写"职业安全健康问卷"等。

六、项目实施与考核指标

（一）项目规范

项目规范是制订评估计划、培训计划、编写教材、教师授课的基本依据。在项目实施过程中，实施机构要对企业存在的工伤危险因素进行巡查评估，在充分了解存在的和潜在的工伤危险因素、工作环境、生产工艺流程等各方面情况的基础上，依据本规范，制订科学实用的培训计划。培训内容要充分体现针对性、参与性和高效性。可结合企业实际情况，对规范中的项目内容进行适当调整和整合，突出针对性和实用性。项目结束后，按照项目考核要求对项目成效进行评估。

（二）项目计划

项目计划应对现场风险评估、培训内容、学时分配、培训教师专业、跟踪回访、成效考核等作出具体安排，对项目实施、培训方式、项目管理提出明确要求。本项目根据工伤预防"三步走"实施步骤，从点到面，以工伤保险和工伤预防为主线提高企业员工安全知识水平，减少工伤事故发生。

（三）培训方式

主要采用情景模拟、案例分析、故事说理、现身说法、小游戏、小组讨论和角色互换等互动式培训方式，最大限度地调动培训对象的积极性。

（四）考核指标

本项目提倡"积极主动参与，可持续改善"理念，实现"低成本、高回报"，提高员工和企业的工伤预防意识，减少工伤事故的发生。

1. 工作量：对化学原料及化学制品制造企业的一线参保员工和班组长提供工伤预防培训（人数根据企业实际确定），并对每家企业培训 10～20 名种子选手。

2. 成本—效果指标：成本—效果比值＜0.7。

3. 职工工伤预防知识知晓率≥85％。

4. 职工工伤预防知识、信念和行为改善≥20％。

5. 企业工伤发生率下降≥20％。

6. 企业满意率≥90％。

7. 企业工作环境改善≥20％。

8. 编写化学原料及化学制品制造行业职业风险评估标准、互动与持续改善项目培训教材和服务手册。

9. 为工伤预防信息化管理的建设提供一手资料。

七、监督管理及成效评估

（一）项目监督

针对本项目的实施情况，各级人社局可以定期或不定期对项目实施方进行抽查，建立合理的质量监督管理体系，如开通投诉电话、投诉邮箱、不定时抽查、电话回访或邀请第三方机构进行抽样检查。

（二）成效评估

工伤保险部门应组织专家或第三方评估机构从培训人员知信行、工伤预防知识知晓率、工伤发生率、基金使用情况和企业满意度等多个方面进行效果评估。

现场互动与持续改善式工伤预防培训项目实施规范

——印刷业

一、印刷业工伤预防概况

印刷业是较典型的劳动密集型产业，具有高效率、高劳动强度、低成本等特点。改革开放以来，全国成立了大量的印刷、包装类企业。广州地区的印刷企业大大小小有数千家，分布较为广泛，但以白云区、海珠区、黄埔区较为集中。

印刷业主要以纸张、油墨为原材料，工艺流程主要为纸张裁切→印刷→粘胶→包装等。印刷业主要的工伤危险因素包括机械伤害、有机溶剂中毒等。培训应重点围绕机械使用安全知识、常用有机溶剂辨识及防护展开。

二、实施对象

实施对象为各类印刷企业及其员工，尤其是以基层管理人员和一线员工为主，每次培训 40～100 人次。单次培训人员较多时可同时派出多名培训导师进行培训，由多个培训导师组织多个小组讨论。

三、目标

现场互动与持续改善式工伤预防培训项目是广州市人力资源和社会保障局结合当前不同行业工伤预防工作实际和需求，积极探索、敢于实践取得的成果，工伤预防项目将紧紧围绕其主要工作目标和任务开展工作，体现在：

（一）提高广大员工对工伤保险政策和工伤预防知识的知晓率。当前，很多员工还对工伤保险知之甚少，对工伤保险政策还不太了解，对预防工伤的意识和能力还不足，这些问题将作为本项目的工作重点和着力点。

（二）探索建立具有符合印刷行业特点的、高效实用的工伤预防培训模式。当前，我国印刷企业尤其是中小型企业在工伤预防工作方面普遍存在工伤事故高发、工伤危险因素的识别能力不足、企业培训能力不足、缺乏完善的工伤预防管理制度等问题，急需通过外部专业人员的培训和协助建立健全工伤预防培训机制。

（三）培训内容坚持普及性、针对性、互动性。注重普及性，就是要让工伤保险培训内容尽量接地气，深入浅出地把各项法律条文解释清楚；注重针对性，就是坚持以培训对象为中心，针对印刷业的具体问题、实际困难开展有针对性的培训；注重互动性，就是在培训形式上改变原来单纯授课式的培训，在培训过程中通过案例分析、有奖问答等形式提高培训的参与性。

四、项目实施机构与人员要求

工伤预防工作是一项政策性强、多学科交叉的系统工作，需要结合工伤保险政策法规和安全生产管理、职业病防治、安全心理学、人力资源管理等各个方面的工作，因此要根据企业的实际情况，选派专业人员组合进行现场工作环境风险评估和互动式工伤预防培训。

五、项目内容

（一）工伤危险因素风险评估

工作场所工伤危险因素风险评估主要是针对各个工种存在的工伤危险因素进行评估，采用 LEC 评价法与现场监测相结合的方法。LEC 评价法是对具有潜在危险性作业环境中的危险源进行半定量的评价方法。该方法采用与系统风险率相关的 3 个方面指标值之积来评价系统中人员伤亡风险大小，评估报告模板见本书第二章附表 4。

根据印刷企业的实际情况和特点评估存在的和潜在的工伤危险因素。内容包括安全管理不当、物资存放转运不当、高处作业、用电作业、起重作业、机械伤害、职业病危害等方面（详见下表）。

印刷业工伤危险因素评估标准

类型	序号	评估内容	危险因素	可能导致的危害	控制措施
人的因素	1	工伤保险、安全作业、职业病危害因素认知程度	知识缺乏，姿势不正确，违章作业	工伤事故、职业病	DHIJKM
	2	心理和生理因素	疲劳作业，侥幸心理，带病工作，注意力不集中	工伤事故	DHIKL
	3	个人防护用品佩戴	防护用品质量不合格，未佩戴或佩戴不正确	机械伤害	DFHIJKLM

续表

类型	序号	评估内容	危险因素	可能导致的危害	控制措施
物的因素	1	切割作业	切纸机故障，无紫外线防护装置	切割伤害	ACDEFHIJK
	2	机器用电	设备、机具、配电箱安装不标准、不规范，违章操作，环境潮湿漏电	触电事故、火灾	ABCDFGH
	3	机械操作	防护用品质量不合格，机械带病运行	机械伤害	ADEFGHI
	4	吊运重物	重物捆绑不牢	物体打击	ADEFGHI
	5	防护装置	机械防护装置缺乏或无效	机械伤害、辐射	BDCEGH
	6	交通运输	未设置人行道，叉车司机无证上岗	厂内交通事故	CDHIKM
	7	职业病危害因素接触作业	粉尘、噪声、化学物接触作业无有效防护措施和用品，无检测、无监护措施	中毒、职业病	ADEFHIJK
环境因素	1	现场工作环境	作业场所光线不足，通风差，物料堆放未按要求	工伤事故	GHJKLM
	2	消防安全	消防重点部位（印刷车间、配电室或仓库等）未配备消防器材	火灾	ABDHIKL
	3	交叉作业	工作场所安排不合理，交叉防护措施缺失或不规范	火灾、职业病危害	ADFHIJKL
管理因素	1	安全管理制度	企业安全管理制度未制定或不健全，执行不到位	事故易发	ABCDHJKL
	2	机械操作手册	机械操作手册缺失、不清晰、未编写，职工不按照操作手册操作机械	机械伤害	ADHI

备注：控制措施包括 A. 健全操作规程；B. 班前安全检查；C. 特殊工作持有效证件上岗；D. 对工人进行三级教育；E. 合理设计机械防护装置；F. 配备使用合格的个人防护用品；G. 定期对机械设备进行维护；H. 加强安全检查力度；I. 严格按照规范操作；J. 严格控制粉尘、噪声、化学品和废水的产生与排放；K. 严格执行卫生管理制度；L. 加强卫生检查；M. 工作场所设置符合《工业企业设计卫生标准》。

（二）工伤预防互动式培训内容

1. 工伤保险政策知识培训

（1）《中华人民共和国社会保险法》《工伤保险条例》《广东省工伤保险条例》《广州市工伤保险若干问题的规定》等主要政策规定。

（2）重点讲解工伤保险对分散企业的工伤风险、保障员工工伤权益的重要作用。

（3）普及工伤认定的办理流程和认定条件。

（4）宣传各项工伤待遇，让广大员工充分认识到工伤保险完善的保障机制。

2. 行业工伤事故预防知识培训

培训内容将根据工伤危险因素风险评估的实际情况，结合企业管理者和员工的要求，提供给企业当前最急需、最实用的内容，主要包括：

（1）机械操作安全知识。

（2）消防安全知识。

（3）常见职业病危害因素辨识及预防。

（4）常见意外伤害应急处理。

（三）持续跟进回访

1. 定期通过电话或邮件与企业安全管理人员进行跟进并记录，及时了解企业在工伤预防方面的问题并予以指导，一般为每季度1次。

2. 向企业全体员工公布免费工伤预防咨询热线，并可通过关注"工伤预防"微信公众号获取免费的、持续的工伤保险最新信息以及在线咨询。

3. 培训完成满1年后，进行1次企业现场实地回访，跟进评估结果改善建议落实情况，提出进一步完善的建议。

六、项目实施与考核指标

（一）项目规范

项目规范是制订评估计划、培训计划、编写教材、教师授课的基本依据。在项目实施过程中，实施机构要对企业存在的工伤危险因素进行巡查评估，在充分了解存在的和潜在的工伤危险因素、工作环境、生产工艺流程等各方面情况的基础上，依据本规范，制订科学实用的培训计划。培训内容要充分体现针对性、参与性和高效性。可结合企业实际情况，对规范中的项目内容进行适当调整和整合，突出针对性和实用性。项目结束后，按照项目考核要求对项目成效进行评估。

（二）项目计划

项目计划应对现场风险评估、培训内容、学时分配、培训教师专业、跟踪回访、成效考核等作出具体安排，对项目实施、培训方式、项目管理提出明确要求。本项目根据工伤预防"三步走"实施步骤，从点到面，以工伤保险和工伤预防为主线提高企业员工安全知识水平，减少工伤事故发生。

（三）培训方式

主要采用情景模拟、案例分析、故事说理、现身说法、小游戏、小组讨论和角色互换等互动式培训方式，最大限度地调动培训对象的积极性。

（四）考核指标

本项目提倡"积极主动参与，可持续改善"理念，实现"低成本、高回报"，提高员工和企业的工伤预防意识，减少工伤事故的发生。

1. 工作量：对印刷企业的一线参保员工和班组长提供工伤预防培训（人数根据企业实际确定），并为每家企业培训 10～20 名种子选手。

2. 成本—效果指标：成本—效果比值＜0.7。

3. 职工工伤预防知识知晓率≥85％。

4. 职工工伤预防知识、信念和行为改善≥20％。

5. 企业工伤发生率下降≥20％。

6. 企业满意率≥90％。

7. 编写印刷行业职业风险评估标准、互动与持续改善项目培训教材和服务手册。

8. 为工伤预防信息化管理的建设提供一手资料。

七、监督管理及成效评估

（一）项目监督

针对本项目的实施情况，各级人社局可以定期或不定期对项目实施方进行抽查，建立合理的质量监督管理体系，如开通投诉电话、投诉邮箱、不定时抽查、电话回访或邀请第三方机构进行抽样检查。

（二）成效评估

工伤保险部门应组织专家或第三方评估机构从培训人员知信行、工伤预防知识知晓率、工伤发生率、基金使用情况和企业满意度等多个方面进行效果评估。

现场互动与持续改善式工伤预防培训项目实施规范

—— 塑料制品业

一、塑料制品业工伤预防概况

塑料作为生产生活中不可替代的化工制品，具有市场需求量大、制造成本低等特点，广泛分布在广州市各个区域。但由于产业自身的特点，广州市内的塑料加工企业普遍存在着工业规模较小、处于产业转移或技术更新换代中，生产过程中风险等级较高。塑料制作过程涉及机械、化学品等设施设备，存在机械伤害和化学品引起的职业性呼吸系统疾病、职业性皮肤病、职业性眼病、职业性化学品中毒、职业性肿瘤等危害。因此，培训的重点应集中在行业职业病危害因素的辨识及预防等几个方面，从而使一线员工和班组长提高安全生产意识，减少工伤事故和职业病的发生。

二、实施对象

实施对象为各类塑料制品企业及其员工，尤其是以基层管理人员和一线员工为主，每次培训 40～100 人次。单次培训人员较多时可同时派出多名培训导师进行培训，由多个培训导师组织多个小组讨论。

三、目标

现场互动与持续改善式工伤预防培训项目是广州市人力资源和社会保障局结合当前不同行业工伤预防工作实际和需求，积极探索、敢于实践取得的成果，工伤预防项目将紧紧围绕其主要工作目标和任务开展工作，体现在：

（一）提高广大员工对工伤保险政策和工伤预防知识的知晓率。当前，很多员工还对工伤保险知之甚少，对工伤保险政策还不太了解，对预防工伤的意识和能力还不足，这些问题将作为本项目的工作重点和着力点。

（二）探索建立具有符合塑料制品行业特点的、高效实用的工伤预防培训模式。当前，我国塑料制品企业尤其是中小型企业在工伤预防工作方面普遍存在工伤事故高发、工伤危险因素的识别能力不足、企业培训能力不足、缺乏完善的工伤预防管理制度等问题，急需通过外部专业人员的培训和协助建立健全工伤预防培训机制。

（三）培训内容坚持普及性、针对性、互动性。注重普及性，就是要让工伤保险培训内容尽量接地气，深入浅出地把各项法律条文解释清楚；注重针对性，就是坚持以培训对象为中心，针对塑料制品企业的具体问题、实际困难开展有针对性的培训；注重互动性，就是在培训形式上改变原来单纯授课式的培训，在培训过程中通过案例分析、有奖问答等形式提高培训的参与性。

四、项目实施机构与人员要求

工伤预防工作是一项政策性强、多学科交叉的系统工作，需要结合工伤保险政策法规和安全生产管理、职业病防治、安全心理学、人力资源管理等各个方面的工作，因此要根据企业的实际情况，选派专业人员组合进行现场工作环境风险评估和互动式工伤预防培训。

五、项目内容

（一）工伤危险因素风险评估

工作场所工伤危险因素风险评估主要是针对各个工种存在的工伤危险因素进行评估，采用 LEC 评价法与现场监测相结合的方法。LEC 评价法是对具有潜在危险性作业环境中的危险源进行半定量的评价方法。该方法采用与系统风险率相关的 3 个方面指标值之积来评价系统中人员伤亡风险大小，评估报告模板见本书第二章附表 4。

根据塑料制品企业的实际情况和特点评估存在的和潜在的工伤危险因素。内容包括机械伤害、安全管理不当、物资存放转运不当、用电作业、职业病危害等方面（详见下表）。

塑料制品工伤危险因素评估标准

类型	序号	评估内容	危险因素	可能导致的危害	控制措施
人的因素	1	工伤保险、安全作业、职业病危害因素认知程度	知识缺乏，姿势不正确，违章作业	工伤事故、职业病	DHIJKM
	2	心理和生理因素	疲劳作业，侥幸心理，带病工作，注意力不集中	工伤事故	DHIKL
	3	个人防护用品佩戴	防护用品质量不合格，未佩戴或佩戴不正确	机械伤害	DFHIJKLM

续表

类型	序号	评估内容	危险因素	可能导致的危害	控制措施
物的因素	1	切割作业	原料切割机故障，无紫外线防护装置	切割伤害	ACDEFHIJK
	2	机器用电	设备、机具、配电箱安装不标准、不规范，环境潮湿漏电	触电事故、火灾	ABCDFGH
	3	机械操作	防护用品质量不合格，机械带病运行	机械伤害	ADEFGHI
	4	吊装重物	重物捆绑不牢	物体打击	ADEFGHI
	5	防护装置	机械防护装置缺乏或无效	机械伤害、辐射	BDCEGH
	6	交通运输	无限速标志，未设置人行道	厂内交通事故	CDHIKM
	7	职业病危害因素接触作业	粉尘、噪声、化学物接触作业无有效防护措施和用品，无检测、无监护措施	中毒、职业病	ADEFHIJK
环境因素	1	现场工作环境	作业场所光线不足，通风差，物料堆放未按要求	工伤事故	GHJKLM
	2	消防安全	消防重点部位（印刷车间、配电室或仓库等）未配备消防器材	火灾	ABDHIKL
	3	交叉作业	工作场所安排不合理，交叉防护措施缺失或不规范	火灾、职业病	ADFHIJKL
管理因素	1	安全管理制度	企业安全管理制度未制定或不健全，执行不到位	事故易发	ABCDHJKL
	2	机械操作手册	机械操作手册缺失、不清晰、未编写，职工不按照操作手册操作机械	机械伤害	ADHI

备注：控制措施包括 A. 健全操作规程；B. 班前安全检查；C. 特殊工作持有效证件上岗；D. 对工人进行三级教育；E. 合理设计机械防护装置；F. 配备使用合格的个人防护用品；G. 定期对机械设备进行维护；H. 加强安全检查力度；I. 严格按照规范操作；J. 严格控制粉尘、噪声、化学品和废水的产生与排放；K. 严格执行卫生管理制度；L. 加强卫生检查；M. 工作场所设置符合《工业企业设计卫生标准》。

（二）工伤预防互动式培训内容

1. 工伤保险政策知识培训

（1）《中华人民共和国社会保险法》《工伤保险条例》《中华人民共和国职业

病防治法》《中华人民共和国安全生产法》等主要政策法规。

（2）重点讲解工伤保险对分散企业的工伤风险、保障员工工伤权益的重要作用。

（3）普及工伤认定的办理流程和认定条件。

（4）宣传各项工伤待遇，让广大员工充分认识到工伤保险完善的保障机制。

2. 行业工伤事故预防知识培训

培训内容将根据工伤危险因素风险评估的实际情况，结合企业管理者和员工的要求，提供给企业当前最急需、最实用的内容，主要包括：

（1）机械操作安全知识。

（2）消防安全知识。

（3）常见职业病危害因素辨识及预防。

（4）常见意外伤害应急处理。

（三）持续跟进回访

1. 定期通过电话或邮件与企业安全管理人员进行跟进并记录，及时了解企业在工伤预防方面的问题并予以指导，一般为每季度 1 次。

2. 向企业全体员工公布免费工伤预防咨询热线，并可通过关注"工伤预防"微信公众号、中国工伤预防网站等方式获取免费的、持续的工伤预防最新信息以及在线咨询。

3. 培训完成满 1 年后，进行 1 次企业现场实地回访，跟进评估结果改善建议落实情况，提出进一步完善的建议。

六、项目实施与考核指标

（一）项目规范

项目规范是制订评估计划、培训计划、编写教材、教师授课的基本依据。在项目实施过程中，实施机构要对企业存在的工伤危险因素进行巡查评估，在充分了解存在的和潜在的工伤危险因素、工作环境、生产工艺流程等各方面情况的基础上，依据本规范，制订科学实用的培训计划。培训内容要充分体现针对性、参与性和高效性。可结合企业实际情况，对规范中的项目内容进行适当调整和整合，突出针对性和实用性。项目结束后，按照项目考核要求对项目成效进行评估。

（二）项目计划

项目计划应对现场风险评估、培训内容、学时分配、培训教师专业、跟踪回访、成效考核等作出具体安排，对项目实施、培训方式、项目管理提出明确要求。本项目根据工伤预防"三步走"实施步骤，从点到面，以工伤保险和工伤预防为主线提高企业员工安全知识水平，减少工伤事故发生。

（三）培训方式

主要采用情景模拟、案例分析、故事说理、现身说法、小游戏、小组讨论和角色互换等互动式培训方式，最大限度地调动培训对象的积极性。

（四）考核指标

本项目提倡"积极主动参与，可持续改善"理念，实现"低成本、高回报"，提高员工和企业的工伤预防意识，减少工伤事故的发生。

1. 工作量：对塑料制品企业的一线参保员工和班组长提供工伤预防培训（人数根据企业实际确定），并为每家企业培训 10～20 名种子选手。

2. 成本—效果指标：成本—效果比值＜0.7。

3. 职工工伤预防知识知晓率≥85％。

4. 职工工伤预防知识、信念和行为改善≥20％。

5. 企业工伤发生率下降≥20％。

6. 企业满意率≥90％。

7. 企业工作环境改善≥30％。

8. 企业安全管理制度完善程度达到≥80％。

9. 编写塑料制品行业职业风险评估标准、互动与持续改善项目培训教材和服务手册。

10. 为工伤预防信息化管理的建设提供一手资料。

七、监督管理及成效评估

（一）项目监督

针对本项目的实施情况，各级人社尽可以定期或不定期对项目实施方进行抽查，建立合理的质量监督管理体系，如开通投诉电话、投诉邮箱、不定时抽查、电话回访或邀请第三方机构进行抽样检查。

（二）成效评估

工伤保险部门方应组织专家或第三方评估机构从培训人员知信行、工伤预防知识知晓率、工伤发生率、基金使用情况和企业满意度等多个方面进行效果评估。

现场互动与持续改善式工伤预防培训项目实施规范

——食品制造业

一、食品制造业工伤预防概况

为加强食品生产企业的安全生产工作，预防和减少生产安全事故，保障从业人员的生命和财产安全，根据《中华人民共和国安全生产法》等有关法律、行政法规，国家安全生产监督管理总局制定了《食品生产企业安全生产监督管理暂行规定》，用于规范食品生产企业的安全生产工作。

食品加工企业一般卫生要求较高，生产线密闭程度和自动化程度较高，工伤发生主要集中于规模较小、设备较落后的中小企业，涉及的危险有害因素主要有生产过程中存在的机械伤害、火灾爆炸、高温、有机溶剂中毒、粉尘危害等。因此，培训的重点应集中在该行业机械伤害预防、常见职业病危害因素的辨识及预防，从而使一线员工和班组长提高安全生产意识，减少工伤事故和职业病的发生。

二、实施对象

实施对象为各类食品制造企业及其员工，尤其是以基层管理人员和一线员工为主，每次培训 40～100 人次。单次培训人员较多时可同时派出多名培训导师进行培训，由多个培训导师组织多个小组讨论。

三、目标

现场互动与持续改善式工伤预防培训项目是广州市人力资源和社会保障局结合当前不同行业工伤预防工作实际和需求，积极探索、敢于实践取得的成果，工伤预防项目将紧紧围绕其主要工作目标和任务开展工作，体现在：

（一）提高广大员工对工伤保险政策和工伤预防知识的知晓率。当前，很多员工还对工伤保险知之甚少，对工伤保险政策还不太了解，对预防工伤的意识和能力还不足，这些问题将作为本项目的工作重点和着力点。

（二）探索建立具有符合食品制造行业特点的、高效实用的工伤预防培训模式。当前，我国食品制造企业尤其是中小型企业在工伤预防工作方面普遍存在工伤事故高发、工伤危险因素的识别能力不足、企业培训能力不足、缺乏完善的工伤预防管理制度等问题，急需通过外部专业人员的培训和协助建立健全工伤预防培训机制。

（三）培训内容坚持普及性、针对性、互动性。注重普及性，就是要让工伤保险培训内容尽量接地气，深入浅出地把各项法律条文解释清楚；注重针对性，就是坚持以培训对象为中心，针对食品制造企业的具体问题、实际困难开展有针对性的培训；注重互动性，就是在培训形式上改变原来单纯授课式的培训，在培训过程中通过案例分析、有奖问答等形式提高培训的参与性。

四、项目实施机构与人员要求

工伤预防工作是一项政策性强、多学科交叉的系统工作，需要结合工伤保险政策法规和安全生产管理、职业病防治、安全心理学、人力资源管理等各个方面的工作，因此要根据企业的实际情况，选派专业人员组合进行现场工作环境风险评估和互动式工伤预防培训。

五、项目内容

（一）工伤危险因素风险评估

工作场所工伤危险因素风险评估主要是针对各个工种存在的工伤危险因素进行评估，采用 LEC 评价法与现场监测相结合的方法。LEC 评价法是对具有潜在危险性作业环境中的危险源进行半定量的评价方法。该方法采用与系统风险率相关的 3 个方面指标值之积来评价系统中人员伤亡风险大小，评估报告模板见本书第二章附表 4。

根据食品制造企业的实际情况和特点评估存在的和潜在的工伤危险因素。内容包括安全管理不当、物资存放转运不当、高处作业、用电作业、起重作业、机械设备使用等方面（详见下表）。

食品制造企业工伤危险因素评估标准

类型	序号	评估内容	危险因素	可能导致的危害	控制措施
人的因素	1	工伤保险、安全作业、职业病危害因素认知程度	知识缺乏，姿势不正确，违章作业	工伤事故、职业病	DHIJKM
	2	心理和生理因素	疲劳作业，侥幸心理，带病工作，注意力不集中	工伤事故	DHIKL

续表

类型	序号	评估内容	危险因素	可能导致的危害	控制措施
人的因素	3	个人防护用品佩戴	防护用品质量不合格，未佩戴或佩戴不正确	机械伤害	DFHIJKLM
物的因素	1	用电作业、机械电路	仓库、储气罐、生产车间未配备相应的消防设施、张贴危险源警示标识	火灾事故	BDEFGH
	2	叉车事故	叉车车辆故障	叉车事故	ABCDFGH
	3	装卸料安全	进入装卸货料场时车辆未能减速鸣笛	厂内交通事故	ADEFGHI
	4	机械伤害	车间各类生产设备故障、防护措施不足等	机械伤害	BDEGH
	5	职业病危害因素接触作业	接触职业病危害因素作业无有效防护措施和防护用品	中毒、职业病	ADEFHIJK
环境因素	1	现场工作环境	厂区内照明不足、通道狭窄或湿滑等不良环境因素	工伤事故	ACDI
	2	交叉作业	工作场所安排不合理，交叉防护措施缺失或不规范	火灾、爆炸、职业病危害	ADFHIJKL
管理因素	1	安全管理制度	企业安全管理制度未制定或不健全，执行不到位	事故易发	ABCDHJKL
	2	机械操作手册	机械操作手册缺失、不清晰、未编写，职工不按照操作手册操作机械	机械伤害	ADHI

备注：控制措施包括 A. 健全操作规程；B. 班前安全检查；C. 特殊工作持有效证件上岗；D. 对工人进行三级教育；E. 合理设计机械防护装置；F. 配备使用合格的个人防护用品；G. 定期对机械设备进行维护；H. 加强安全检查力度；I. 严格按照规范操作；J. 严格控制粉尘、噪声、化学品和废水的产生与排放；K. 严格执行卫生管理制度；L. 加强卫生检查；M. 工作场所设置符合《工业企业设计卫生标准》。

（二）工伤预防互动式培训内容

1. 工伤保险政策知识培训

（1）《中华人民共和国社会保险法》《工伤保险条例》《中华人民共和国职业病防治法》《中华人民共和国安全生产法》等主要政策法规。

（2）重点讲解工伤保险对分散企业的工伤风险、保障员工工伤权益的重要作用。

（3）普及工伤认定的办理流程和认定条件。

（4）宣传各项工伤待遇，让广大员工充分认识到工伤保险完善的保障机制。

2. 行业工伤事故预防知识培训

培训内容将根据工伤危险因素风险评估的实际情况，结合企业管理者和员工的要求，提供给企业当前最急需、最实用的内容，主要包括：

（1）机械操作安全知识。

（2）消防安全知识。

（3）常见职业病危害因素辨识及预防。

（4）常见意外伤害应急处理。

（三）持续跟进回访

工伤预防持续跟进回访：对现场工伤危险因素、风险评估所提出的改善建议落实情况、企业工伤预防委员会的运行情况和工伤预防培训导师进行至少 6 个月的跟进，推动企业落实改善意见，使委员会成员和培训导师能够掌握所需的技能和方法，并予以必要的指导和支持，使该项目得以持续发展。具体的跟进方式有电话跟进、网络方式（邮件、QQ、微信）跟进和现场实地回访等。回访的内容包括现场工作场所工伤危险因素风险评估报告所提到的改善建议落实情况、企业员工工伤发生情况、企业工伤预防互动式培训及其他工伤预防活动开展情况、其他工伤预防相关情况和受训员工填写"职业安全健康问卷"等。

六、项目实施与考核指标

（一）项目规范

项目规范是制订评估计划、培训计划、编写教材、教师授课的基本依据。在项目实施过程中，实施机构要对企业存在的工伤危险因素进行巡查评估，在充分了解存在的和潜在的工伤危险因素、工作环境、生产工艺流程等各方面情况的基础上，依据本规范，制订科学实用的培训计划。培训内容要充分体现针对性、参与性和高效性。可结合企业实际情况，对规范中的项目内容进行适当调整和整合，突出针对性和实用性。项目结束后，按照项目考核要求对项目成效进行评估。

（二）项目计划

项目计划应对现场风险评估、培训内容、学时分配、培训教师专业、跟踪回访、成效考核等作出具体安排，对项目实施、培训方式、项目管理提出明确要求。本项目根据工伤预防"三步走"实施步骤，从点到面，以工伤保险和工伤预防为主线提高企业员工安全知识水平，减少工伤事故发生。

（三）培训方式

主要采用情景模拟、案例分析、故事说理、现身说法、小游戏、小组讨论和角色互换等互动式培训方式，最大限度地调动培训对象的积极性。

（四）考核指标

本项目提倡"积极主动参与，可持续改善"理念，实现"低成本、高回报"，提高员工和企业的工伤预防意识，减少工伤事故的发生。

1. 工作量：对食品制造企业的一线参保员工和班组长提供工伤预防培训（人数根据企业实际确定），并为每家企业培训 10～20 名种子选手。

2. 成本—效果指标：成本—效果比值＜0.7。

3. 职工工伤预防知识知晓率≥85％。

4. 职工工伤预防知识、信念和行为改善≥20％。

5. 企业工伤发生率下降≥20％。

6. 企业满意率≥90％。

7. 企业工作环境改善≥30％。

8. 企业安全管理制度健全程度达到≥90％。

9. 编写食品制造行业职业风险评估标准、互动与持续改善项目培训教材和服务手册。

10. 为工伤预防信息化管理的建设提供一手资料。

七、监督管理及成效评估

（一）项目监督

针对本项目的实施情况，各级人社局可以定期或不定期对项目实施方进行抽查，建立合理的质量监督管理体系，如开通投诉电话、投诉邮箱、不定时抽查、电话回访或邀请第三方机构进行抽样检查。

（二）成效评估

工伤保险部门应组织专家或第三方评估机构从培训人员知信行、工伤预防知识知晓率、工伤发生率、基金使用情况和企业满意度等多个方面进行效果评估。

现场互动与持续改善式工伤预防培训项目实施规范

——交通运输业

一、交通运输业工伤预防概况

随着道路交通事业的飞速发展，交通事故发生日益增多。由于交通事故不仅造成人员的大量伤亡，给无数家庭带来不幸，而且严重影响经济发展与社会稳定。在现代交通给人带来便利的同时，人们也在谈"故"色变。与交通事故密切相关的因素是人、车、路和环境。通过强化交通出行者尤其是驾驶员的交通安全知识和安全意识教育，可有效避免和减少事故的发生。

二、实施对象

实施对象以交通运输企业及其工作人员为主，每次培训 40～100 人次。单次培训人员较多时可同时派出多名培训导师进行培训，由多个培训导师组织多个小组讨论。

三、目标

现场互动与持续改善式工伤预防培训项目是广州市人力资源和社会保障局结合当前不同行业工伤预防工作实际和需求，积极探索、敢于实践取得的成果，工伤预防项目将紧紧围绕其主要工作目标和任务开展工作，体现在：

（一）提高广大员工对工伤保险政策和工伤预防知识的知晓率。当前，很多员工还对工伤保险知之甚少，对工伤保险政策还不太了解，对预防工伤的意识和能力还不足，这些问题将作为本项目的工作重点和着力点。

（二）探索建立具有符合交通运输行业特点的、高效实用的工伤预防培训模式。当前，我国交通运输企业尤其是中小型企业在工伤预防工作方面普遍存在工伤事故高发、工伤危险因素的识别能力不足、企业培训能力不足、缺乏完善的工伤预防管理制度等问题，急需通过外部专业人员的培训和协助建立健全工伤预防培训机制。

（三）培训内容坚持普及性、针对性、互动性。注重普及性，就是要让工伤保险培训内容尽量接地气，深入浅出地把各项法律条文解释清楚；注重针对性，就是坚持以培训对象为中心，针对交通运输企业的具体问题、实际困难开展有针对性的培训；注重互动性，就是在培训形式上改变原来单纯授课式的培训，在培训过程中通过案例分析、有奖问答等形式提高培训的参与性。

四、项目实施机构与人员要求

工伤预防工作是一项政策性强、多学科交叉的系统工作，需要结合工伤保险政策法规和安全生产管理、职业病防治、安全心理学、人力资源管理等各个方面的工作，因此要根据企业的实际情况，选派专业人员组合进行现场工作环境风险评估和互动式工伤预防培训。

五、项目内容

（一）工伤危险因素风险评估

工作场所工伤危险因素风险评估主要是针对各个工种存在的工伤危险因素进行评估，采用 LEC 评价法与现场监测相结合的方法。LEC 评价法是对具有潜在危险性作业环境中的危险源进行半定量的评价方法。该方法采用与系统风险率相关的 3 个方面指标值之积来评价系统中人员伤亡风险大小，评估报告模板见本书第二章附表 4。

根据交通运输企业的实际情况和特点评估存在的和潜在的工伤危险因素。内容包括车辆故障、车辆保养不当、车辆安全措施不足、驾驶员违法违章驾驶、驾驶员疲劳驾驶、驾驶员精神状态不佳或情绪不稳定、安全管理制度不完善等（详见下表）。

交通运输企业工伤危险因素评估标准

类型	序号	评估内容	危险因素	可能导致的危害	控制措施
人的因素	1	工伤保险、安全作业、职业病危害因素认知程度	知识缺乏，姿势不正确，违章作业	工伤事故、职业病	DHIJKM
	2	心理和生理因素	疲劳作业，侥幸心理，带病工作，注意力不集中	工伤事故	DHIKL

续表

类型	序号	评估内容	危险因素	可能导致的危害	控制措施
物的因素	1	防火安全	车辆内未安装灭火器	火灾事故	BDEFGH
	2	车辆故障	车辆带病作业	交通事故	ABCDFGH
	3	装卸料安全	进入装卸货料场时未能减速鸣笛，超载、超高	交通事故	ADEFGHI
	4	行驶安全	路面有故障，车辆出车前未检查，紧急避险措施缺乏，超速行驶	交通事故	BDEGH
管理因素	1	安全管理制度	企业安全管理制度未制定或不健全，执行不到位	易发事故	ABCDHJKL
	2	车辆操作手册	车辆操作手册缺失，不清晰、未编写，职工不按照操作手册操作	交通事故	ADHI

备注：控制措施包括 A. 健全操作规程；B. 班前安全检查；C. 特殊工作持有效证件上岗；D. 对工人进行三级教育；E. 合理设计机械防护装置；F. 配备使用合格的个人防护用品；G. 定期对机械设备进行维护；H. 加强安全检查力度；I. 严格按照规范操作；J. 严格控制粉尘、噪声、化学品和废水的产生与排放；K. 严格执行卫生管理制度；L. 加强卫生检查；M. 工作场所设置符合《工业企业设计卫生标准》。

（二）工伤预防互动式培训内容

1. 工伤保险政策知识培训

（1）《中华人民共和国社会保险法》《工伤保险条例》《中华人民共和国职业病防治法》《中华人民共和国安全生产法》《交通安全法》等主要政策法规。

（2）重点讲解工伤保险对分散企业的工伤风险、保障员工工伤权益的重要作用。

（3）普及工伤认定的办理流程和认定条件。

（4）宣传各项工伤待遇，让广大员工充分认识到工伤保险完善的保障机制。

2. 行业工伤事故预防知识培训

培训内容将根据工伤危险因素风险评估的实际情况，结合企业管理者和员工的要求，提供给企业当前最急需、最实用的内容，主要包括：

（1）车辆安全驾驶与危险因素分析。

（2）驾驶人违章心理分析。

（3）心理压力与情绪管理。

（4）筋骨劳损预防。

（三）持续跟进回访

1. 定期通过电话或邮件与企业安全管理人员进行跟进并记录，及时了解企业在工伤预防方面的问题并予以指导，一般为每季度 1 次。

2. 向企业全体员工公布免费工伤预防咨询热线，并可通过关注"工伤预防"微信公众号获取免费的、持续的工伤保险最新信息以及在线咨询。

3. 培训完成满 1 年后，进行 1 次企业现场实地回访，跟进评估结果改善建议落实情况，提出进一步完善的建议。

六、项目实施与考核指标

（一）项目规范

项目规范是制订评估计划、培训计划、编写教材、教师授课的基本依据。在项目实施过程中，实施机构要对企业存在的工伤危险因素进行巡查评估，在充分了解存在的和潜在的工伤危险因素、工作环境、生产工艺流程等各方面情况的基础上，依据本规范，制订科学实用的培训计划。培训内容要充分体现针对性、参与性和高效性。可结合企业实际情况，对规范中的项目内容进行适当调整和整合，突出针对性和实用性。项目结束后，按照项目考核要求对项目成效进行评估。

（二）项目计划

项目计划应对现场风险评估、培训内容、学时分配、培训教师专业、跟踪回访、成效考核等作出具体安排，对项目实施、培训方式、项目管理提出明确要求。本项目根据工伤预防"三步走"实施步骤，从点到面，以工伤保险和工伤预防为主线提高企业员工安全知识水平，减少工伤事故发生。

（三）培训方式

主要采用情景模拟、案例分析、故事说理、现身说法、小游戏、小组讨论和角色互换等互动式培训方式，最大限度地调动培训对象的积极性。

（四）考核指标

本项目提倡"积极主动参与，可持续改善"理念，实现"低成本、高回报"，提高员工和企业的工伤预防意识，减少工伤事故的发生。

1. 工作量：对交通运输企业的一线参保员工和班组长提供工伤预防培训（人数根据企业实际确定），并为每家企业培训 10～20 名种子选手。

2. 成本—效果指标：成本—效果比值＜0.7。

3. 职工工伤预防知识知晓率≥85％。

4. 职工工伤预防知识、信念和行为改善≥20％。

5. 企业工伤发生率下降≥30％。

6. 企业满意率≥90％。

7. 企业工作环境改善≥20％。

8. 企业安全管理制度健全程度≥90％。

9. 编写交通运输行业职业风险评估标准、互动与持续改善项目培训教材和服务手册。

10. 为工伤预防信息化管理的建设提供一手资料。

七、监督管理及成效评估

（一）项目监督

针对本项目的实施情况，各级人社局可以定期或不定期对项目实施方进行抽查，建立合理的质量监督管理体系，如开通投诉电话、投诉邮箱、不定时抽查、电话回访或邀请第三方机构进行抽样检查。

（二）成效评估

工伤保险部门应组织专家或第三方评估机构从培训人员知信行、工伤预防知识知晓率、工伤发生率、基金使用情况和企业满意度等多个方面进行效果评估。

现场互动与持续改善式工伤预防培训项目实施规范

——建筑业

一、建筑业工伤预防概况

改革开放以来，我国建筑业蓬勃发展，建筑业职工队伍不断发展壮大，为经济社会发展和人民安居乐业做出了重大贡献。建筑业属于工伤风险较高行业，又是农民工集中的行业。为维护建筑业职工特别是农民工的工伤保障权益，国家先后出台了一系列法律法规和政策，各地区、各有关部门积极采取措施，加强建筑施工安全生产制度建设和监督检查，大力推进建筑施工企业依法参加工伤保险，使建筑业职工工伤权益保障工作不断得到加强。但目前仍存在部分建筑施工企业安全管理制度不落实、一线建筑工人特别是农民工工伤维权能力弱、工伤待遇落实难等问题。

建筑业属于典型的劳动密集型产业，主要的工伤危险因素包括机械伤害、高处作业、高温作业、动火作业、施工用电、有毒有害化学品、粉尘作业、噪声等。

二、实施对象

实施对象为各类建筑企业及其职工，尤其是以基层管理人员和一线职工为主，每次培训 40～100 人次。单次培训人员较多时可同时派出多名培训导师进行培训，由多个培训导师组织多个小组讨论。

三、目标

现场互动与持续改善式工伤预防培训项目是广州市人力资源和社会保障局结合当前不同行业工伤预防工作实际和需求，积极探索、敢于实践取得的成果，工伤预防项目将紧紧围绕其主要工作目标和任务开展工作，体现在：

（一）提高广大员工对工伤保险政策和工伤预防知识的知晓率。当前，很多员工还对工伤保险知之甚少，对工伤保险政策还不太了解，对预防工伤的意识和能力还不足，这些问题将作为本项目的工作重点和着力点。

（二）探索建立具有符合建筑行业特点的、高效实用的工伤预防培训模式。当前，我国建筑企业尤其是中小型企业在工伤预防工作方面普遍存在工伤事故高发、工伤危险因素的识别能力不足、企业培训能力不足、缺乏完善的工伤预防管理制度等问题，急需通过外部专业人员的培训和协助建立健全工伤预防培训机制。

（三）培训内容坚持普及性、针对性、互动性。注重普及性，就是要让工伤保险培训内容尽量接地气，深入浅出地把各项法律条文解释清楚；注重针对性，就是坚持以培训对象为中心，针对建筑业的具体问题、实际困难开展有针对性的培训；注重互动性，就是在培训形式上改变原来单纯授课式的培训，在培训过程中通过案例分析、有奖问答等形式提高培训的参与性。

四、项目实施机构与人员要求

工伤预防工作是一项政策性强、多学科交叉的系统工作，需要结合工伤保险政策法规和安全生产管理、职业病防治、安全心理学、人力资源管理等各个方面的工作，因此要根据企业的实际情况，选派专业人员组合进行现场工作环境风险评估和互动式工伤预防培训。

五、项目内容

（一）工伤危险因素风险评估

工作场所工伤危险因素风险评估主要是针对各个工种存在的工伤危险因素进行评估，采用 LEC 评价法与现场监测相结合的方法。LEC 评价法是对具有潜在危险性作业环境中的危险源进行半定量的评价方法。该方法采用与系统风险率相关的 3 个方面指标值之积来评价系统中人员伤亡风险大小，评估报告模板见本书第二章附表 4。

根据建筑企业的实际情况和特点评估存在的和潜在的工伤危险因素。内容包括建筑工地工作环境、安全管理制度、安全管理标识、机械设备使用和养护情况（如塔吊、升降机、搅拌机等）、劳动防护、人员安排（有无带病上岗或所从事工种禁忌证）、施工用电、工人集中休息地和建筑工地物品摆放（详见下表）。

建筑行业工伤危险因素评估标准

类型	序号	评估内容	危险因素	可能导致的危害	控制措施
人的因素	1	工伤保险、安全作业、职业病危害因素认知程度	知识缺乏，姿势不正确，违章作业	工伤事故、职业病	DHIJKM
	2	心理和生理因素	疲劳作业，侥幸心理，带病工作，注意力不集中	工伤事故	DHIKL
	3	个人防护用品佩戴	防护用品质量不合格，未佩戴或佩戴不正确	机械伤害	DFHIJKLM
物的因素	1	起重机作业	作业人员安全意识淡薄，违章操作，未持证上岗	机械伤害、高处坠物	BDEFGH
	2	作业用电	设备、机具、配电箱安装不标准、不规范，环境潮湿漏电	触电事故、火灾、爆炸	ABCDFGH
	3	基坑作业	无支护措施，无临边防护，无排水沟，基坑临边堆料，爬楼不牢固	高处坠落、塌方	ADFHI

续表

类型	序号	评估内容	危险因素	可能导致的危害	控制措施
物的因素	4	防护装置	机械防护装置缺乏或无效，防护用品质量不合格	机械伤害	BDEGH
	5	职业病危害因素接触作业	粉尘、噪声、化学品（如胶水）、高温接触作业无有效防护措施和用品，无检测、无监护措施	中暑、中毒、职业病	ADEFHIJK
	6	电焊、气割	周边堆放易燃材料，未配置灭火器，动火安全距离不足，乙炔瓶无防回火装置	灼伤、烧伤、火灾、中毒、爆炸	BCDFH
	7	机动车辆运输作业	无限速、限超标识，道路不畅通，驾驶员无培训上岗	意外交通事故	ABCDGHI
	8	塔吊作业	不按"十不吊"规程操作，无特种作业资格证，钢丝绳磨损、断丝超标、脱落，地基沉陷，脱轨，吊具不合格，限制装置失效	高处坠落、物体打击、起重伤害	ABCDEFH
	9	施工电梯	基础不牢，焊缝开裂，制动失效，螺栓松动	倒塌、高处坠落	ABCDEFGH
	10	临边洞口作业	洞口、临边防护缺失滞后	高处坠落、物体打击	DEFH
	11	模板安装、拆卸	方案交底落实不到位，立杆间距过大，无扫地杆，剪刀撑设置不足，模板支护失稳	物体打击、模板倒塌、高处坠落	ABCDEFH
	12	脚手架和卸料平台	无安全技术措施或未交底施工	倒塌、高处坠落、物体打击	ABCDEFH
	13	混凝土浇捣	模板搭建不牢，混凝土质量不合格	机械伤害、扭伤	ABDIJ
	14	高处作业	临边无防护网或防护网有缺陷，安全带质量不合格	高处坠落、物体打击	DFH
环境因素	1	现场工作环境	作业场所光线不足，通风差，物料堆放未按要求	工伤事故	GHJKLM

类型	序号	评估内容	危险因素	可能导致的危害	控制措施
环境因素	2	交叉作业	工作场所安排不合理，交叉防护措施缺失或不规范	火灾、爆炸、职业病危害	ADFHIJKL
	3	工人集中休息地	工人休息地距离工作区域不符合标准，材质未使用防火耐热材料，房屋内乱搭电线、乱扔烟头	火灾、中暑	DHIKL
管理因素	1	安全管理制度	企业安全管理制度未制定或不健全，执行不到位	事故易发	ABCDHJKL
	2	机械操作手册	机械操作手册缺失、不清晰、未编写，职工不按照操作手册操作机械	机械伤害	ADHI

备注：控制措施包括 A. 健全操作规程；B. 班前安全检查；C. 特殊工作持有效证件上岗；D. 对工人进行三级教育；E. 合理设计机械防护装置；F. 配备使用合格的个人防护用品；G. 定期对机械设备进行维护；H. 加强安全检查力度；I. 严格按照规范操作；J. 严格控制粉尘、噪声、化学品和废水的产生与排放；K. 严格执行卫生管理制度；L. 加强卫生检查；M. 工作场所设置符合《工业企业设计卫生标准》。

（二）工伤预防互动式培训内容

1. 工伤保险政策知识培训

（1）《中华人民共和国社会保险法》《工伤保险条例》《中华人民共和国职业病防治法》《中华人民共和国安全生产法》等主要政策法规。

（2）重点讲解工伤保险对分散企业的工伤风险、保障员工工伤权益的重要作用。

（3）普及工伤认定的办理流程和认定条件。

（4）宣传各项工伤待遇，让广大员工充分认识到工伤保险完善的保障机制。

2. 行业工伤事故预防知识培训

（1）建筑业常见高风险作业工种、危险源辨识和防护措施（如高处作业、动火作业、施工用电等）。

（2）常见的职业病危害因素有有毒有害化学品、粉尘、高温、噪声的危害，着重介绍其工作环境改善措施和个人劳动防护用品正确佩戴方法。

（3）建筑业常用机械操作注意事项。

（4）加强安全生产意识，杜绝违章操作。

（5）建筑业常见意外伤害现场处理与院前急救常识。

（6）高温作业中暑的防治。

（7）心理压力与情绪管理。

（三）持续跟进回访

1. 定期通过电话或邮件与企业安全管理人员进行跟进并记录，及时了解企业在工伤预防方面的问题并予以指导，一般为每季度1次。

2. 向企业全体员工公布免费工伤预防咨询热线，并可通过关注"工伤预防"微信公众号获得免费的、持续的工伤保险最新信息以及在线咨询。

3. 培训完成满1年后，进行1次企业现场实地回访，跟进评估结果改善建议落实情况，提出进一步完善的建议。

六、项目实施与考核指标

（一）项目规范

项目规范是制订评估计划、培训计划、编写教材、教师授课的基本依据。在项目实施过程中，实施机构要对企业存在的工伤危险因素进行巡查评估，在充分了解存在的和潜在工伤危险因素、工作环境、工作流程等各方面情况的基础上，依据本规范，制订科学实用的培训计划。培训内容要充分体现针对性、参与性和高效性。可结合企业实际情况，对规范中的项目内容进行适当调整和整合，突出针对性和实用性。项目结束后，按照项目考核要求对项目成效进行评估。

（二）项目计划

项目计划应对现场风险评估、培训内容、学时分配、培训教师专业、跟踪回访、成效考核等作出具体安排，对项目实施、培训方式、项目管理提出明确要求。本项目根据工伤预防"三步走"实施步骤，从点到面，以工伤保险和工伤预防为主线提高企业员工安全知识水平，减少工伤事故发生。

（三）培训方式

主要采用情景模拟、案例分析、故事说理、现身说法、小游戏、小组讨论和角色互换等互动式培训方式，最大限度地调动培训对象的积极性。

（四）考核指标

本项目提倡"积极主动参与，可持续改善"理念，实现"低成本、高回报"，提高员工和企业的工伤预防意识，减少工伤事故的发生。

1. 工作量：对建筑企业的一线参保员工和班组长提供工伤预防培训（人数根据企业实际确定），并对每家企业培训 10～20 名种子选手。

2. 成本—效果指标：成本—效果比值＜0.7。

3. 职工工伤预防知识知晓率≥85％。

4. 职工工伤预防知识、信念和行为改善≥20％。

5. 企业工伤发生率下降≥30％。

6. 企业满意率≥90％。

7. 建筑工地环境改善≥25％。

8. 建筑工地管理制度健全程度≥80％。

9. 编写建筑行业职业风险评估标准、互动与持续改善项目培训教材和服务手册。

10. 为工伤预防信息化管理的建设提供一手资料。

七、监督管理及成效评估

（一）项目监督

针对本项目的实施情况，各级人社局可以定期或不定期对项目实施方进行抽查，建立合理的质量监督管理体系，如开通投诉电话、投诉邮箱、不定时抽查、电话回访或邀请第三方机构进行抽样检查。

（二）成效评估

工伤保险部门应组织专家或第三方评估机构从培训人员知信行、工伤预防知识知晓率、工伤发生率、基金使用情况和企业满意度等多个方面进行效果评估。

附录3 相关政策文件

人力资源社会保障部
关于进一步做好工伤预防试点工作的通知

人社部发〔2013〕32号

各省、自治区、直辖市及新疆生产建设兵团人力资源社会保障厅（局）：

为贯彻《工伤保险条例》，完善工伤保险制度，2009年我部在河南、广东、海南等3省的12个地市开展了工伤预防试点，取得初步成效。一些试点城市工伤事故发生率呈现下降趋势，职工的安全意识和维权意识、企业守法意识有所增强。为进一步推动工伤预防工作的开展，我部决定在2009年初步试点的基础上，再选择一部分具备条件的城市扩大试点。现将有关事项通知如下：

一、充分认识做好工伤预防试点工作的重要意义

工伤预防是"三位一体"工伤保险制度的重要组成部分。做好扩大工伤预防试点工作，有利于从源头上减少工伤事故的发生，从根本上保障职工生命安全和身体健康，体现以人为本的执政理念；有利于增强用人单位和职工的守法维权意识，促进各项工伤保险政策及安全生产措施的落实；有利于进一步完善细化工伤预防项目的操作流程和管理规范，维护工伤保险基金安全，提高基金使用效率。

二、扩大试点目标和工作原则

（一）试点目标。探索建立科学、规范的工伤预防工作模式，为在全国范围内开展工伤预防工作积累经验，完善我国工伤预防制度体系。

（二）工作原则。

1. 审慎稳妥，逐步推开。工伤预防工作政策性强，管理复杂，要按照审慎稳妥的原则先选择一些具备条件的城市（设区的市，以下简称试点城市）试点，待取得经验、条件成熟后再逐步推开。

2. 政府主导，专业运作。在确定项目、编制方案、选择项目实施的组织等工作中，社会保险行政部门要发挥政府主导作用；项目的具体实施要由相应的社

会、经济组织负责，实现项目的专业化运作，提高项目实施的质量和水平。

3. 规范管理，确保安全。试点城市要严格按照《工伤保险条例》的规定和本通知要求，明确流程，规范管理，加强监督，确保基金使用安全。

三、试点城市的确定

（一）试点城市范围。每个省（区、市）确定不超过 2 个地（市、区）作为工伤预防试点城市，条件不具备的可暂不确定试点城市；前期纳入我部工伤预防试点的省份（河南、广东、海南），不再确定新的试点城市，原试点城市可继续试点；已经实现省级统筹的省（区、市）可以省（区、市）为统筹地区试点，也可以确定 2 个地（市、区）进行试点。

（二）试点城市应具备的条件。一是工伤保险基金已实现市级统筹；二是保证待遇支付和储备金留存的前提下有一定结余；三是经办机构有专门的工伤保险科室和人员；四是工伤保险工作基础好，管理规范，具备本地区工伤保险完整数据、统计分析手段和能力；五是从事相关宣传、培训业务的社会、经济组织相对成熟。

（三）试点城市的确定。试点城市由各省（区、市）社会保险行政部门根据统筹地区（地市级）社会保险行政部门的申请确定。

四、扩大试点内容

（一）预防费使用比例。试点城市在保证工伤保险待遇支付和储备金留存的前提下，用于工伤预防的费用控制在本统筹地区上年度工伤保险基金征缴收入的2%左右。

（二）预防费使用项目。工伤预防费主要用于开展工伤预防的宣传、培训以及法律、法规规定的其他工伤预防项目。

（三）项目实施流程。

1. 项目确定。试点城市社会保险行政部门会同社会保险经办机构，根据工伤发生情况和工伤保险工作需要，确定下一年度工伤预防的具体实施项目，编制项目实施方案。

2. 项目的组织实施。试点城市社会保险行政部门应参照政府采购法规定的程序，从具备相应资质的社会、经济组织中选择提供具体服务的组织；社会保险经办机构受社会保险行政部门委托与选定的组织签订合同，明确双方的权利和义务。

3. 实施项目的社会、经济组织应具备的基本条件。一是依法登记注册，从事相关宣传、培训业务 3 年以上并具有良好市场信誉；二是有足够数量的可承担实施工伤预防宣传、培训项目任务的专业人员；三是有相应的硬件设施和技术手段；四是具备相应的资质；五是依法应具备的其他条件。

4. 项目验收。项目完成，由社会保险行政部门组织验收。

（四）费用支付。

1. 实行预算管理。试点城市在编制工伤保险基金预算时，按照确定的工伤预防具体实施项目和上年度预算执行情况，将工伤预防费列入下一年度工伤保险基金预算。

2. 支付程序。合同签订后先支付一定比例或数额的预付款；项目完成，经验收合格后，再支付余款。

（五）加强监督。试点城市社会保险经办机构应按照合同规定，加强对提供服务的组织开展的宣传、培训等活动的监督，确保合同的规定落到实处；定期向社会公布工伤预防项目的实施情况和工伤预防费的使用情况，接受参保单位和社会各界的监督。

（六）探索建立绩效评估机制。试点城市应积极探索工伤预防费使用的绩效评估办法，提高预防费的使用效率。

五、工作要求

（一）实行项目管理。试点城市可通过电视、广播、报纸、网络、手机等媒体，通过印发宣传画、手册、标语等方式开展工伤预防宣传；通过举办培训班、专题讲座等方式开展工伤预防培训。宣传、培训工作的开展要实行项目预算管理，严禁直接提取预防费用。

（二）突出工作重点。试点城市应将工伤事故及职业病发生率高的重点行业、重点企业、重点岗位、重点人员优先作为宣传、培训对象，注重宣传、培训实效。

（三）规范工作程序。试点城市社会保险行政部门应按规定，组织落实项目的确定、方案编制、政府采购、实施、验收、评估等工作，进一步细化各环节工作流程，确保试点工作规范、有序开展。

（四）严格费用支付。对确定实施的工伤预防宣传、培训项目，由统筹地区社会保险经办机构根据合同规定，先支付 30％的费用。项目完成，经社会保险行政部门组织验收合格后，再由社会保险经办机构支付余款。具体程序按社会保险基金财务制度和工伤保险经办业务管理规定支出。

六、加强组织领导

1. 省（区、市）社会保险行政部门要切实加强对工伤预防试点工作的领导，研究制定相关办法，统筹规划，协调指导试点工作，及时总结经验。

2. 试点城市社会保险行政部门要组织建立试点工作领导机构，负责试点工作的组织实施；要从实际出发，研究制定切实可行的试点工作方案和相关政策，因地制宜地开展工作；要切实发挥主管部门的作用，加强与财政、卫生行政、安全生产监督管理等部门的沟通协调，发挥各部门的特点和优势，共同推进工伤预防工作开展。

3. 建立部、省（区、市）、市社会保险行政部门联系报告制度。试点城市每年 2 月底前应将本年度工伤预防项目实施方案，以及上一年度工伤预防项目实施情况总结（包括项目确定、具体执行及基金支出等）分别报送省社会保险行政部门和部工伤保险司、社保中心。试点工作中遇到的重大问题，应及时报告部工伤保险司。

4. 省（区、市）社会保险行政部门应将确定的试点城市名单在 2013 年 8 月底前报部工伤保险司。部里将适时对各地试点情况进行检查。

人力资源社会保障部

2013 年 4 月 22 日

人力资源社会保障部　住房城乡建设部
安全监管总局　全国总工会
关于进一步做好建筑业工伤保险工作的意见

人社部发〔2014〕103号

各省、自治区、直辖市及新疆生产建设兵团人力资源社会保障厅（局）、住房城乡建设厅（委、局）、安全生产监督管理局、总工会：

改革开放以来，我国建筑业蓬勃发展，建筑业职工队伍不断发展壮大，为经济社会发展和人民安居乐业做出了重大贡献。建筑业属于工伤风险较高行业，又是农民工集中的行业。为维护建筑业职工特别是农民工的工伤保障权益，国家先后出台了一系列法律法规和政策，各地区、各有关部门积极采取措施，加强建筑施工安全生产制度建设和监督检查，大力推进建筑施工企业依法参加工伤保险，使建筑业职工工伤权益保障工作不断得到加强。但目前仍存在部分建筑施工企业安全管理制度不落实、工伤保险参保覆盖率低、一线建筑工人特别是农民工工伤维权能力弱、工伤待遇落实难等问题。

为贯彻落实党中央、国务院关于切实保障和改善民生的要求，依据社会保险法、建筑法、安全生产法、职业病防治法和《工伤保险条例》等法律法规规定，现就进一步做好建筑业工伤保险工作、切实维护建筑业职工工伤保障权益提出以下意见：

一、完善符合建筑业特点的工伤保险参保政策，大力扩展建筑企业工伤保险参保覆盖面。建筑施工企业应依法参加工伤保险。针对建筑行业的特点，建筑施工企业对相对固定的职工，应按用人单位参加工伤保险；对不能按用人单位参保、建筑项目使用的建筑业职工特别是农民工，按项目参加工伤保险。房屋建筑和市政基础设施工程实行以建设项目为单位参加工伤保险的，可在各项社会保险中优先办理参加工伤保险手续。建设单位在办理施工许可手续时，应当提交建设项目工伤保险参保证明，作为保证工程安全施工的具体措施之一；安全施工措施未落实的项目，各地住房城乡建设主管部门不予核发施工许可证。

二、完善工伤保险费计缴方式。按用人单位参保的建筑施工企业应以工资总额为基数依法缴纳工伤保险费。以建设项目为单位参保的，可以按照项目工程总造价的一定比例计算缴纳工伤保险费。

三、科学确定工伤保险费率。各地区人力资源社会保障部门应参照本地区建筑企业行业基准费率，按照以支定收、收支平衡原则，商住房城乡建设主管部门合理确定建设项目工伤保险缴费比例。要充分运用工伤保险浮动费率机制，根据各建筑企业工伤事故发生率、工伤保险基金使用等情况适时适当调整费率，促进企业加强安全生产，预防和减少工伤事故。

四、确保工伤保险费用来源。建设单位要在工程概算中将工伤保险费用单独列支，作为不可竞争费，不参与竞标，并在项目开工前由施工总承包单位一次性代缴本项目工伤保险费，覆盖项目使用的所有职工，包括专业承包单位、劳务分包单位使用的农民工。

五、健全工伤认定所涉及劳动关系确认机制。建筑施工企业应依法与其职工签订劳动合同，加强施工现场劳务用工管理。施工总承包单位应当在工程项目施工期内督促专业承包单位、劳务分包单位建立职工花名册、考勤记录、工资发放表等台账，对项目施工期内全部施工人员实行动态实名制管理。施工人员发生工伤后，以劳动合同为基础确认劳动关系。对未签订劳动合同的，由人力资源社会保障部门参照工资支付凭证或记录、工作证、招工登记表、考勤记录及其他劳动者证言等证据，确认事实劳动关系。相关方面应积极提供有关证据；按规定应由用人单位负举证责任而用人单位不提供的，应当承担不利后果。

六、规范和简化工伤认定和劳动能力鉴定程序。职工发生工伤事故，应当由其所在用人单位在 30 日内提出工伤认定申请，施工总承包单位应当密切配合并提供参保证明等相关材料。用人单位未在规定时限内提出工伤认定申请的，职工本人或其近亲属、工会组织可以在 1 年内提出工伤认定申请，经社会保险行政部门调查确认工伤的，在此期间发生的工伤待遇等有关费用由其所在用人单位负担。各地社会保险行政部门和劳动能力鉴定机构要优化流程，简化手续，缩短认定、鉴定时间。对于事实清楚、权利义务关系明确的工伤认定申请，应当自受理工伤认定申请之日起 15 日内作出工伤认定决定。探索建立工伤认定和劳动能力鉴定相关材料网上申报、审核和送达办法，提高工作效率。

七、完善工伤保险待遇支付政策。对认定为工伤的建筑业职工，各级社会保险经办机构和用人单位应依法按时足额支付各项工伤保险待遇。对在参保项目施工期间发生工伤、项目竣工时尚未完成工伤认定或劳动能力鉴定的建筑业职工，其所在用人单位要继续保证其医疗救治和停工期间的法定待遇，待完成工伤认定及劳动能力鉴定后，依法享受参保职工的各项工伤保险待遇；其中应由用人单位支付的待遇，工伤职工所在用人单位要按时足额支付，也可根据其意愿一次性支付。针对建筑业工资收入分配的特点，对相关工伤保险待遇中难以按本人工资作为计发基数的，可以参照统筹地区上年度职工平均工资作为计发基数。

八、落实工伤保险先行支付政策。未参加工伤保险的建设项目，职工发生工伤事故，依法由职工所在用人单位支付工伤保险待遇，施工总承包单位、建设单位承担连带责任；用人单位和承担连带责任的施工总承包单位、建设单位不支付的，由工伤保险基金先行支付，用人单位和承担连带责任的施工总承包单位、建设单位应当偿还；不偿还的，由社会保险经办机构依法追偿。

九、建立健全工伤赔偿连带责任追究机制。建设单位、施工总承包单位或具有用工主体资格的分包单位将工程（业务）发包给不具备用工主体资格的组织或个人，该组织或个人招用的劳动者发生工伤的，发包单位与不具备用工主体资格的组织或个人承担连带赔偿责任。

十、加强工伤保险政策宣传和培训。施工总承包单位应当按照项目所在地人力资源社会保障部门统一规定的式样，制作项目参加工伤保险情况公示牌，在施工现场显著位置予以公示，并安排有关工伤预防及工伤保险政策讲解的培训课程，保障广大建筑业职工特别是农民工的知情权，增强其依法维权意识。各地人力资源社会保障部门要会同有关部门加大工伤保险政策宣传力度，让广大职工知晓其依法享有的工伤保险权益及相关办事流程。开展工伤预防试点的地区可以从工伤保险基金提取一定比例用于工伤预防，各地人力资源社会保障部门应会同住房城乡建设部门积极开展建筑业工伤预防的宣传和培训工作，并将建筑业职工特别是农民工作为宣传和培训的重点对象。建立健全政府部门、行业协会、建筑施工企业等多层次的培训体系，不断提升建筑业职工的安全生产意识、工伤维权意识和岗位技能水平，从源头上控制和减少安全事故。

十一、严肃查处谎报瞒报事故的行为。发生生产安全事故时，建筑施工企业现场有关人员和企业负责人要严格依照《生产安全事故报告和调查处理条例》等规定，及时、如实向安全监管、住房城乡建设和其他负有监管职责的部门报告，并做好工伤保险相关工作。事故报告后出现新情况的，要及时补报。对谎报、瞒报事故和迟报、漏报的有关单位和人员，要严格依法查处。

十二、积极发挥工会组织在职工工伤维权工作中的作用。各级工会要加强基层组织建设，通过项目工会、托管工会、联合工会等多种形式，努力将建筑施工一线职工纳入工会组织，为其提供维权依托。提升基层工会组织在职工工伤维权方面的业务能力和服务水平。具备条件的企业工会要设立工伤保障专员，学习掌握工伤保险政策，介入工伤事故处理的全过程，了解工伤职工需求，跟踪工伤待遇支付进程，监督工伤职工各项权益落实情况。

十三、齐抓共管合力维护建筑工人工伤权益。人力资源社会保障部门要积极会同相关部门，把大力推进建筑施工企业参加工伤保险作为当前扩大社会保险覆盖面的重要任务和重点工作领域，对各类建筑施工企业和建设项目进行摸底排查，力争尽快实现全面覆盖。各地人力资源社会保障、住房城乡建设、安全监管等部门要认真履行各自职能，对违法施工、非法转包、违法用工、不参加工伤保险等违法行为依法予以查处，进一步规范建筑市场秩序，保障建筑业职工工伤保险权益。人力资源社会保障、住房城乡建设、安全监管等部门和总工会要定期组织开展建筑业职工工伤维权工作情况的联合督查。有关部门和工会组织要建立部门间信息共享机制，及时沟通项目开工、项目用工、参加工伤保险、安全生产监管等信息，实现建筑业职工参保等信息互联互通，为维护建筑业职工工伤权益提供有效保障。

交通运输、铁路、水利等相关行业职工工伤权益保障工作可参照本文件规定执行。

各地人力资源社会保障、住房城乡建设、安全监管等部门和工会组织要依据国家法律法规和本文件精神，结合本地实际制定具体实施方案，定期召开有关部门协调工作会议，共同研究解决有关难点重点问题，合力做好建筑业职工工伤保险权益保障工作。

人力资源社会保障部

住房城乡建设部

安全监管总局

全国总工会

2014 年 12 月 29 日

广东省人力资源和社会保障厅
关于确定工伤预防试点城市的通知

广州、深圳、珠海、东莞市人力资源和社会保障（社会保障）局：

人力资源社会保障部办公厅《关于确认工伤预防试点城市的通知》（人社厅发〔2013〕111 号）确定了广州、深圳、珠海、东莞继续作为工伤预防试点城市。请试点城市按照人力资源社会保障部有关部署安排，规范工伤预防费提取使用，认真总结前期试点工作经验，进一步做好工伤预防试点工作。请在 2 月 28 日前将今年度工伤预防实施方案以及 2013 年度工伤预防实施情况总结报送省厅工伤保险处。

联系人：张太海

联系电话：（020）83359932，83182445（传真）

广东省人力资源和社会保障厅办公室

2014 年 2 月 24 日

广州市人民政府关于印发广州市
工伤保险若干规定的通知

穗府〔2014〕30 号

各区、县级市人民政府、市政府各部门、各直属机构：

现将《广州市工伤保险若干规定》印发给你们，请认真贯彻执行。执行中遇到的问题，请径向市人力资源和社会保障局反映。

广州市人民政府

2014 年 9 月 21 日

广州市工伤保险若干规定

第一条 根据《中华人民共和国社会保险法》《工伤保险条例》《广东省工伤保险条例》《工伤职工劳动能力鉴定管理办法》（人社部令第 21 号）等规定，结合本市实际，制定本规定。

第二条 本市的企业、事业单位、社会团体、民办非企业单位、基金会、律师事务所、会计师事务所等组织和有雇工的个体工商户（以下统称用人单位）应当依法参加工伤保险，并为本单位全部职工或者雇工（以下统称职工）缴纳工伤保险费。

国家机关和参照公务员法管理的事业单位、社会团体应当为与之建立劳动关系的工勤人员依法参加工伤保险，并缴纳工伤保险费。

国家机关和参照公务员法管理的事业单位、社会团体的工作人员参加工伤保险，按国家有关规定执行。

第三条　市人力资源和社会保障部门负责本市工伤保险工作，指导各区、县级市人力资源和社会保障部门开展工伤保险工作，并对其执行有关政策、法规、标准和服务质量等情况实施监督管理。

各区、县级市人力资源和社会保障部门负责各自辖区内的工伤保险工作。

按属地管理原则，由用人单位所在地的区、县级市人力资源和社会保障部门负责办理工伤认定业务，并负责处理工伤认定的信访、投诉、行政复议、行政诉讼和档案资料管理等相关工作。

本市跨行政区工伤案件的受理，按照以下规定执行：

（一）受伤害职工已参加本市工伤保险的，由参保地的区、县级市人力资源和社会保障部门负责受理。

（二）受伤害职工未参加本市工伤保险，用人单位注册地在本市的，由用人单位注册地的区、县级市人力资源和社会保障部门负责受（办）理；用人单位注册地不在本市的，由其生产经营地的区、县级市人力资源和社会保障部门负责受（办）理。

第四条　工伤保险费根据一、二、三类行业的工伤风险程度分别按上年度用人单位职工工资总额的 0.5%、1.0%、1.5% 的比例征集。各行业的基准缴费费率按《广州市工伤保险行业基准费率表》（附件 1）执行。

第五条　实行工伤保险浮动费率和奖励率制度。根据用人单位安全生产、工伤预防状况和工伤事故发生率以及用人单位对应行业缴费费率，确定用人单位的浮动费率和奖励率，并由市社会保险经办机构（以下简称市社保经办机构）根据用人单位工伤保险费使用情况等因素，每年 7 月进行一次浮动费率和奖励率调整。浮动费率和奖励率按用人单位上年度基金收支率确定档次。用人单位上年度基金收支率为用人单位上年度领取各项工伤保险待遇费用总额占该用人单位上年度所缴纳工伤保险费总额的比例。具体标准按《广州市工伤保险浮动费率和奖励率表》（附件 2）执行。原基准缴费费率为 0.5% 的用人单位，不实行浮动费率。

第六条　工伤保险奖励费在按规定提取的工伤预防费项目中列支。主要用于奖励安全生产、工伤预防工作效果好的参保单位，以及按有关规定开展工伤预防的相关项目。奖励费用在工伤预防费的"安全生产奖励费"项目中列支，具体标准按《广州市工伤保险浮动费率和奖励率表》（附件2）执行。对参保单位的奖励费不得超过当年可提取的工伤预防费总额的35％。用于开展实施工伤预防相关项目的费用不得超过当年可提取的工伤预防费总额的35％，并由市人力资源和社会保障部门统筹使用。参保单位当年度实际工伤保险奖励费在200元以下（含200元）的暂不计发，留待跨年度调剂使用。

第七条　职工发生事故伤害或者被诊断、鉴定为职业病后的第一个工作日，用人单位应当通知所在区、县级市人力资源和社会保障部门，并自事故伤害发生之日或者被诊断、鉴定为职业病之日起30日内，向所在区、县级市人力资源和社会保障部门提出工伤认定申请，并提交下列材料：

（一）工伤认定申请表。

（二）劳动合同或者存在劳动关系的有效证明。

（三）首次病历及治疗期间的全部有效的医疗诊断证明书或者职业病诊断证明书（或者职业病诊断鉴定书）；按照医疗机构病历管理有关规定复印或者复制的检查、检验报告等完整病历材料。

（四）受伤害职工的居民身份证原件和复印件。

（五）其他相关证明材料。

第八条　职工或者其近亲属认为是工伤，用人单位认为不是工伤的，用人单位应当承担举证责任，并在区、县级市人力资源和社会保障部门规定的时限内提交证据，逾期不举证的，区、县级市人力资源和社会保障部门可以根据受伤害职工提供的或者调查取得的证据，作出工伤认定决定。

第九条　在区、县级市人力资源和社会保障部门作出工伤认定后，工伤职工自受伤害之日起1年以内，发现原工伤认定部位（或诊断）之外另有伤情（合并症或后遗症除外）的，按工伤认定的程序办理。确认新发现伤情为当次工伤导致的，给予作出增补工伤伤情的认定，并按规定进行劳动能力鉴定。

第十条　职工因工作遭受事故伤害或者患职业病需要医疗（康复）的，应当按以下规定进行工伤医疗（康复）期确认：

（一）工伤职工只需门诊医疗的，自受伤害之日起1年以内，不需办理工伤医疗（康复）期确认，凭《工伤认定决定书》享受相应的门诊医疗待遇。

（二）工伤职工需住院医疗（康复）的，在作出工伤认定决定后，由用人单位、工伤职工或者其近亲属向市劳动能力鉴定机构（以下简称市劳鉴机构）申请工伤住院医疗（康复）期确认，明确享受工伤住院医疗（康复）待遇的部位和期限等事项。

（三）工伤职工自受伤害之日起满1年后仍需门诊医疗（康复）的，用人单位、工伤职工或者其近亲属应当向市劳鉴机构申请办理工伤门诊医疗（康复）期确认；工伤职工住院医疗（康复）期终结后仍需住院医疗（康复）的，应当办理再次工伤住院医疗（康复）期确认。每次确认后延长的工伤门诊医疗（康复）期和工伤住院医疗（康复）期不得超过2个月。

（四）对尘肺、癫痫、慢性骨髓炎等特殊伤（病）种的工伤职工，市劳鉴机构可酌情适当延长工伤住院医疗（康复）期或门诊医疗（康复）期，但最长不得超过12个月。

（五）工伤职工经市劳鉴机构确认属于旧伤复发的，按以上工伤医疗（康复）期规定处理。

（六）工伤职工在享受工伤医疗（康复）待遇期间，用人单位应当凭医疗机构的医疗（康复）证明，安排工伤职工住院假日或门诊就医假日（或假时），并给予享受原工资福利待遇。

第十一条　工伤职工需要暂停工作接受工伤医疗（康复）的，由市劳鉴机构进行停工留薪期确认。停工留薪期一般不超过12个月。伤情严重或者情况特殊，经市劳鉴机构确认，可以适当延长，但延长期限不得超过12个月。

第十二条　劳动能力鉴定实行现场鉴定。

（一）市劳鉴机构应当提前通知工伤职工进行鉴定的时间、地点及需要携带的材料。

（二）工伤职工应当按时到达指定地点参加现场鉴定。对行动不便的工伤职工，市劳鉴机构可以组织专家上门进行劳动能力鉴定。

工伤职工因故不能按时参加鉴定的，经市劳鉴机构同意，可以调整现场鉴定的时间，作出劳动能力鉴定结论的期限相应顺延。

（三）市劳鉴机构应当核对被鉴定人身份，收集、整理、初审有关资料。

（四）市劳鉴机构从劳动能力鉴定医疗卫生专家库中随机抽取 3 名或者 5 名相关专科的专家组成鉴定专家组，对被鉴定人进行全面检查，结合原始病史和相关资料以及现场检查情况，依据鉴定标准进行集体讨论，提出诊断意见并形成鉴定意见。

需要进一步医学检查的，现场出具补充检查通知书，由工作人员引导被鉴定人进行检查，并将检查结果提交鉴定专家组。

（五）市劳动能力鉴定委员会根据专家组的鉴定意见，结合市劳鉴机构的初审情况，作出劳动能力鉴定结论。

第十三条 参保单位的工伤职工应当在与社保经办机构签订服务协议的医疗机构（以下简称协议医疗机构）就医，紧急情况下可以先到就近的医疗机构急救；伤情相对稳定后应即转协议医疗机构继续治疗。对伤情相对稳定仍不转送协议医疗机构的，工伤保险基金不予支付工伤职工之后发生的医疗费用。

第十四条 参保职工住院治疗工伤、康复的伙食补助费由工伤保险基金按照本市国家机关一般工作人员因公出差伙食补助标准的 70% 支付。经社保经办机构批准转统筹地区以外门诊治疗、康复及住院治疗、康复的，其在城市间往返一次的交通费用及在转入地所需的市内交通、食宿费用，由工伤保险基金按照本市国家机关一般工作人员因公出差交通、食宿费用补助标准支付。

第十五条 工伤职工在工伤医疗（康复）期内，达到法定退休年龄但不符合享受基本养老保险待遇条件的，给予继续享受工伤医疗（康复）待遇至工伤医疗（康复）期终结，经劳动能力鉴定未达到一级至四级伤残的，终止工伤保险关系，并可按规定领取一次性伤残补助金及一次性工伤医疗补助金。

第十六条 2004 年 1 月 1 日前（即《工伤保险条例》实施前，不含当日，下同），具有本市城镇户籍的国有（集体）企业单位已认定为工伤（或职业病）的人员，原工伤伤情或者职业病病情发生变化的，经市劳动能力鉴定委员会鉴定，确认属"旧伤（病）复发"的，由工伤保险基金支付旧伤（病）复发期间发生的、符合工伤保险规定的医疗费。

第十七条 2004 年 1 月 1 日前，参保单位已认定为工伤（或职业病）的人员，尚未领取一次性伤残就业补助金和一次性工伤医疗补助金，原工伤伤情或者职业病病情发生变化，经市劳动能力鉴定委员会鉴定确认属"旧伤（病）复发"的，继续享受工伤医疗（康复）待遇，并由工伤保险基金支付旧伤（病）复发期间发生的、符合工伤保险规定的医疗（康复）费。

第十八条 2004年1月1日前，已认定为工伤（或职业病）且被评定为五级至十级伤残的，用人单位按《广东省工伤保险条例》第三十三、三十四条与其解除或者终止劳动关系的，由工伤保险基金支付一次性工伤医疗补助金，由用人单位支付一次性伤残就业补助金，并终止工伤保险关系。计发基数为工伤职工解除或者终止劳动关系前12个月平均月缴费工资。

第十九条 一级至四级伤残职工与原单位保留劳动关系，退出工作岗位后，其所在单位依法关闭、破产时，应当办理退休手续，停发伤残津贴，享受基本养老保险待遇。核定基本养老金时，工伤职工基本养老金低于伤残津贴的差额部分由工伤保险基金补足。

第二十条 具有本市城镇户籍、原参加工伤保险的失业人员或职工退休后首次被确诊为职业病并经人力资源和社会保障部门认定为工伤的人员，按下列办法处理：

（一）被评定为一级至十级伤残的，按照《广东省工伤保险条例》的规定享受一次性伤残补助金待遇。

（二）被评定为一级至十级伤残的，经市劳动能力鉴定委员会鉴定属"旧伤（病）复发"的，有工伤保险基金支付旧伤（病）复发期间发生的、符合工伤保险规定的医疗费。

（三）被评定为一级至四级伤残的，办理工伤残疾退休手续，按照《广东省工伤保险条例》第二十九条第一款第（二）项的规定，享受工伤伤残津贴待遇。

（四）被评定为一级至四级伤残后死亡的，其供养亲属按照《广东省工伤保险条例》第三十七条第一款第（一）、（二）项的规定享受待遇。

第二十一条 具有本市城镇户籍的职工因工伤残退休而异地安置后，应当每年向社保经办机构提供由用人单位或者居住地户籍管理部门出具的生存证明，作为继续发给工伤伤残津贴的依据。

第二十二条 申请因工死亡职工供养亲属抚恤金待遇的，应当向社保经办机构提交被供养人户口簿、居民身份证以及街道办事处、乡（镇）人民政府出具的被供养人由因工死亡职工生前提供主要生活来源、无劳动能力的证明。

有下列情况之一的，还应当分别提交相应材料：

（一）被供养人属于孤寡老人、孤儿的，提交街道办事处、乡（镇）人民政府出具的证明；

（二）被供养人属于养父母、养子女的，提交公证书；

（三）被供养人属于因工死亡职工配偶的，提交婚姻状况证明。

被供养人完全丧失劳动能力的，应同时提交本市或者被供养人户籍所在地劳动能力鉴定委员会的劳动能力鉴定结论。

非本市户籍的，应同时提交户籍所在地社保经办机构享受待遇情况的证明。

续领供养亲属抚恤金的，应当每年6月份向社保经办机构提供由被供养人居住地户籍管理部门出具的生存证明。

第二十三条 职工因工致伤且伤情危重的，用人单位负责危重职工的1名近亲属的交通费、食宿费和歇工工资。

因工死亡善后处理期间，用人单位负责因工死亡职工父母、配偶、1名子女和1至2名兄弟姐妹的交通费、食宿费和歇工工资。

交通费、食宿费，按本市国家机关一般工作人员的出差标准，凭收费发票支付；歇工工资以该职工本人日平均工资为基数计发。支付时间从职工伤（亡）之日起不超过10天。其他亲属各项费用自理。

第二十四条 已参加工伤保险的用人单位发生依法关闭、破产或者停业等情形的，其一级至四级伤残的工伤职工、已退休的工伤人员，可以纳入户籍所在地或者常年居住地的社会化管理服务机构管理，并由社会化管理服务机构负责办理有关工伤保险待遇手续。

第二十五条 2004年1月1日前，发生的工伤事故已由单位办理了长期支付待遇的工伤人员，仍按原办法管理；但由已参加工伤保险的用人单位负责的供养亲属抚恤金，改由社保经办机构按《工伤保险条例》和《广东省工伤保险条例》规定的标准和支付渠道发放。

第二十六条 已按规定享受养老保险待遇或退休费待遇的老工伤人员，不再进行认定和鉴定。未进行劳动能力鉴定的，不再进行劳动能力障碍程度和生活自理障碍程度的等级鉴定。继续按原渠道领取基本养老保险金或退休费，不办理享受伤残津贴，其新发生的其他工伤保险待遇纳入工伤保险基金支付。

经人力资源和社会保障部门审核确认符合享受伤残津贴、生活护理费申领条件的老工伤人员，未享受养老保险待遇或退休费待遇的，可以由用人单位或主管机构向市劳鉴机构提出申请，按照现行标准进行劳动能力障碍程度和生活自理障碍程度鉴定，并按现行工伤保险规定申办相关待遇。

已选择由工伤保险基金依法支付工伤保险待遇以及一次性支付补偿金等办法终结工伤保险待遇关系的工伤职员、工亡职工供养亲属等人员，不列入老工伤人员范围。

第二十七条 用人单位未依法参加工伤保险或未按时足额缴费的，职工发生工伤或者职工在用人单位欠缴工伤保险费期间发生工伤的，由用人单位按照《工伤保险条例》和《广东省工伤保险条例》及本规定的工伤保险待遇项目、标准向工伤职工支付相关的待遇。

用人单位未依法参加工伤保险的，职工发生工伤后，用人单位参加工伤保险并为全部职工从建立劳动关系之日起，按《中华人民共和国社会保险法》及相关法规规定补缴工伤保险费和滞纳金后，新发生的工伤医疗费、伤残津贴和工亡职工供养亲属抚恤金等费用（不含完成补缴前已经死亡职工的丧葬补助金、一次性工亡补助金和供养亲属抚恤金），由工伤保险基金和用人单位按照《工伤保险条例》和《广东省工伤保险条例》及本规定的工伤保险待遇项目、标准向工伤职工支付。

第二十八条 本规定自发布之日起施行，有效期 5 年。相关法律依据或情况变化，根据施行情况予以修订。广州市人民政府《印发广州市工伤保险若干规定的通知》（穗府〔2008〕6 号）同时废止。

附件：1. 广州市工伤保险行业基准费率表

2. 广州市工伤保险浮动费率和奖励率表

附件 1

广州市工伤保险行业基准费率表

行业类别	行业名称	基准费率
一类	银行业，证券业，保险业，其他金融活动业，居民服务业，其他服务业，租赁业，商务服务业，住宿业，餐饮业，批发业，零售业，仓储业，邮政业，电信和其他传输服务业，计算机服务业，软件业，卫生，社会保障业，社会福利业，新闻出版业，广播、电视、电影和音像业，文化艺术业，教育，研究与试验发展，专业技术业，科技交流和推广服务业，城市公共交通业	0.5%
二类	房地产业，体育，娱乐业，水利管理业，环境管理业，公共设施管理业，农副食品加工业，食品制造业，饮料制造业，烟草制品业，纺织业，纺织服装、鞋、帽制造业，皮革、毛皮、羽毛（绒）及其制品业，林业，农业，畜牧业，渔业、农、林、牧、渔服务业，木材加工及木、竹、藤、草制品业，家具制造业，造纸及纸制品业，印刷业和记录媒介的复制，文教体育用品制造业，化学纤维制造业，医药制造业，通用机械制造业，专用机械制造业，交通运输设备制造业，电气机械及器材制造业，仪器仪表及文化，办公用机械制造业，非金属矿物制品业，金属制品业，橡胶制品业，塑料制品业，通信设备、计算机及其他电子设备制造业，工艺品及其他制造业，废弃资源和废旧材料回收加工业，电力、热力的生产和供应业，燃气生产和供应业，水的生产和供应业，房屋和土木工程建筑业，建筑安装业，建筑装饰业，其他建筑业，地质勘查业，铁路运输业，道路运输业，水上运输业，航空运输业，管道运输业，装卸搬运和其他运输服务业	1.0%
三类	石油加工，炼焦及核心燃料加工业，化学原料及化学制品制造业，黑色金属冶炼及压延加工业、有色金属冶炼及压延加工业、石油和天然气开采业，黑色金属矿采选业，有色金属矿采选业，非金属矿采选业，煤炭开采和洗选业，其他采矿业	1.5%

说明：参加工伤保险的事业单位、社会团体、民办非企业单位、基金会、律师事务所、会计师事务所等组织的工伤保险缴费费率，统一按照一类行业基准费率执行。

附件2

广州市工伤保险浮动费率和奖励率表

用人单位上年度基金收支率（a）	用人单位缴费费率增减率	奖励率
a≤10％	减30％	10％
10％＜a≤20％	减25％	9％
20％＜a≤30％	减20％	8％
30％＜a≤40％	减15％	7％
40％＜a≤50％	减10％	6％
50％＜a≤60％	减5％	5％
60％＜a≤70％	不变	
70％＜a≤80％	增5％	
80％＜a≤90％	增10％	
90％＜a≤100％	增15％	
100％＜a≤110％	增20％	
110％＜a≤120％	增25％	
120％＜a≤130％	增30％	
a＞130％	增35％	

说明：1. 用人单位上年度基金收支率＝用人单位上年度领取各项工伤保险待遇费用总额÷该用人单位上年度所缴纳工伤保险费总额；

2. 用人单位缴费费率增减率：在行业基准缴费费率基础上增减比率；

3. 奖励率：以用人单位缴纳的工伤保险费为计算基数；

4. 对参保单位的奖励费＝上年度单位缴纳工伤保险费总额×奖励率×调整系数；

5. 调整系数＝当年工伤保险基金实际征收费总额×提取工伤预防费比例（5％）×全部参保单位奖励费占工伤预防费总额比例（35％）÷（所有参保单位上年度单位缴纳工伤保险费×奖励率所得值的合计数）。

广州市人力资源和社会保障局　广州市安全生产监督管理局关于联合开展工伤预防及安全生产宣传培训工作的通知

各有关单位：

为建立健全工伤预防、补偿、康复"三位一体"的制度体系，贯彻落实企业安全生产责任和措施，根据《中华人民共和国安全生产法》《中华人民共和国职业病防治法》、国务院《工伤保险条例》、《广东省工伤保险条例》以及《人力资源社会保障部关于进一步做好工伤预防试点工作的通知》（人社部发〔2013〕32号）的有关规定和要求，结合本市实际，拟联合开展工伤预防及安全生产宣传培训工作。现就有关事宜通知如下：

一、工作目标

以科学发展观和党的十八大、十八届三中全会精神为指引，紧紧围绕全面建设国家中心城市的目标和"率先转型升级、建设幸福广州"的核心任务，切实做好工伤预防和安全生产工作，从源头避免和减少工伤事故和职业病的发生，保障职工的生命安全与健康，维护社会和谐和稳定。

二、工作对象

开展本市工伤预防及安全生产宣传培训工作的对象应当同时符合以下条件：

（一）属于已参加本市工伤保险的用人单位和相关人员；

（二）属于《中华人民共和国安全生产法》《中华人民共和国职业病防治法》等法律、法规规定的生产安全事故和职业病危害高危行业的用人单位主要负责和相关管理人员以及高危岗位一线工作人员（以下简称高危行业和高危岗位人员）。

三、职责分工

（一）市人力资源和社会保障局职责：

1. 负责开展工伤保险政策法规宣传教育和培训工作，并提供有关教材和资料；

2.负责组织开展工伤预防性职业健康检查工作，并将结果及时通报市安监局；

3.协助开展工伤预防及安全生产宣传培训工作的组织、协调等事务；

4.负责拟定工伤预防及安全生产宣传培训的绩效评估办法，并牵头组织绩效评估；

5.负责按规定编制经费预算，保障工伤预防及安全生产宣传培训的相关经费。

（二）市安监局职责：

1.负责提供高危行业名单，并分期分批组织开展工伤预防及安全生产宣传培训。

2.负责组织开展职业病危害因素的监测工作，协助开展工伤预防性职业健康检查工作。

3.负责开展安全生产和职业病防治政策法规宣传教育和培训工作，并提供有关教材和资料。

4.协助拟定工伤预防及安全生产宣传培训的绩效评估办法；参与宣传培训绩效评估，并负责收集、整理开展工伤预防及安全生产宣传培训前后，用人单位及相关人员发生生产安全事故、职业病的相关情况和数据。

四、工作任务

（一）加强对高危行业和高危岗位的检查和监管。对高危行业和高危岗位以及发生生产安全事故、工伤事故较多或领取工伤保险待遇较多的用人单位，经常组织重点检查和监督管理。

（二）广泛宣传相关政策和知识。通过电视、广播、报纸等传统媒体以及网络、手机等新媒体，印发宣传手册，现场咨询，编写教材和音像资料等方式对工伤保险、预防生产安全事故和工伤事故的相关政策和知识进行广泛宣传。

（三）强制组织教育培训。强制安排高危行业和高危岗位的相关人员参加两局联合组织的工伤预防及安全生产培训班、知识讲座等活动。

（四）开展工伤预防性职业健康检查与监测。对存在职业病危害的企业开展工伤预防性职业健康检查与监测工作，及时发现职工职业病隐患及疑似职业病，促进企业改善工作环境，降低职工职业病危害风险。

五、经费保障

按照《广东省工伤保险条例》的规定提取工伤预防费。工伤预防费的使用范围为：

（一）宣传培训费用：包括举办工伤保险和安全生产媒体宣传活动、开展工伤保险和安全生产政策咨询活动、制作工伤保险和安全生产公益广告和标识、举办各类人员工伤保险和安全生产宣传培训活动等费用。

（二）印刷资料或用品费用：用于印制工伤保险和安全生产宣传培训所需资料和购置用品。

宣传培训或会议费用不得包括劳务费、保洁费、误餐费、礼仪费、汽油费、停车费、路桥费等；不得另报餐费、租车费等；不得购置折叠阳棚、桌子、椅子、成套音像设备等耐用物品及设备。

（三）工伤预防性职业健康检查与监测费用：用于补助已参加工伤保险的用人单位职业病危害因素监测、评估，对其从事接触职业危害的参保在岗职工进行工伤预防性职业健康检查等费用。

（四）邀请专家费用：协助人社部门开展工伤保险项目研究、专题调研和咨询指导活动等。

六、工作要求

（一）加强组织领导。各单位要高度重视，落实责任，积极配合，统筹规划，探索建立科学、规范的安全生产和工伤预防工作模式，使企业和广大职工平安、幸福地分享安全生产和工伤预防工作带来的城市发展和社会进步的成果。

（二）依法使用工伤保险专项经费。要以工伤预防扩大试点为契机，严格按照法律法规的规定，进一步规范我市工伤保险专项经费的使用和管理，提高资金使用效率。

（三）建立科学、合理的绩效评估体系。市人力资源和社会保障局和市安全监管局将组织专家对项目实施成效进行评估，对开展情况进行数据分析，形成项目成效评估报告，为我市进一步扩大工伤预防试点工作积累经验。

（四）加强沟通和联动。加强部门间的沟通协调和联动，充分运用有关法律、法规，发挥部门特点和优势，齐抓共管，共同推进我市工伤预防及安全生产宣传培训工作，从源头减少工伤事故和职业病的发生，全力创建全国安全生产示范城市，为建设平安广州、幸福广州做出应有的贡献。

广州市人力资源和社会保障局

广州市安全生产监督管理局

2014 年 9 月 26 日

附录 4 工伤预防项目实施前后专家论证意见扫描件

专家论证评审表

项目名称	广州市工伤预防普思参与式持续改善项目		
评审地点	江韵酒店	评审时间	2014 年 1 月 22 日
评审专家	杜武俊 孙同祥 何永华 杨爱初 郭集军 唐丹		
评审结论	评审结论： 　　工伤预防普思参与式持续改善项目符合国家人社部、省人社厅关于开展工伤预防工作的有关规定，具有重要意义。 1. 认为普思项目符合我国工伤预防工作现况和实际需求，项目工作流程设计合理、可行。 2. 可以有效提高企业员工的工伤预防意识，为企业提供低成本改善建议，有利于企业持续改善生产工艺、流程和生产环境，降低工伤发生率，维护工伤保险基金稳定和构建和谐社会。 3. 认为普思项目符合国家、省、市有关工伤预防工作原则、经费使用方面的相关规定，有利于工伤预防试点工作的探索创新，具有充足的政策依据和良好的工作意义。 4. 认为普思项目付费标准具有合理依据，但项目经费预算偏低，与项目实施成本不相符。预期成效评估的依据充分，预期成效结果科学、可行。 5. 建议对培训教材进一步优化，针对性更强，更多地成立工伤预防委员会，并保持其持续开展工伤预防工作。 6. 项目总评意见：评审通过。 组长： 成员： 时间：2014 年 1 月 22 日

广州市工伤预防普思参与式持续改善项目

专家论证意见

2015 年 3 月 19 日广州市人力资源和社会保障局邀请广东省人社厅、广东省工伤康复中心、广州市安监局、广州市人社局相关部门、广州市基金中心、广州市劳鉴中心，天河、白云、番禺、萝岗、从化、增城安监局，天河、白云、花都、番禺、萝岗、从化及增城人社局相关人员及相关企业代表和 9 名工伤与职业卫生专家在广州召开了《广州市工伤预防普思参与式持续改善项目》论证会，与会代表对该项目前期工作和将持续改善的内容进行充分讨论，形成专家组意见如下：

一、对该项目总体评价

本项目经过 2014 年对广州市所辖区的 150 余家工厂企业，近 2 万余名职工进行工伤预防普思参与式培训试点工作，统计分析显示参与式培训组工伤发生率下降了 51.6%，传统宣教式培训组仅下降 8.99%，说明工伤预防普思参与式培训对工厂企业减少工伤发生具有明显的意义，有必要进一步持续改善进行。

二、对本项目方案的评价

总的来说设计合理可行、特色鲜明；内容基本适应我国《安全生产法》、《职业病防治法》的要求；员工互动性、参与性强；培训内容有一定针对性、符合用人单位实际需求；预期目标、考核指标明确，具有较好可行性。

三、建议

1. 明确下一步继续工作的目标、内容、指标、预算；

2. 选择发生工伤高危的工厂企业、岗位、人群进行有针对性普思参与式培训；

3. 实施过程中加强对工伤高危因素的识别，并强化培训的针对性和成本-效益分析；

4. 设定特定行业高危人群的专项培训，增设新入职人员的岗前普思参与式培训；

5. 进一步完善所有量表的科学性检验；

6. 加强项目实施机构团队建设，吸收其他专业机构高水平专家作为培训师资；

7. 在实施过程中，加强过程效果评估，并持续改正。

专家组组长：

专家组成员：

二〇一五年三月十九日

附录 5 项目开展照片资料

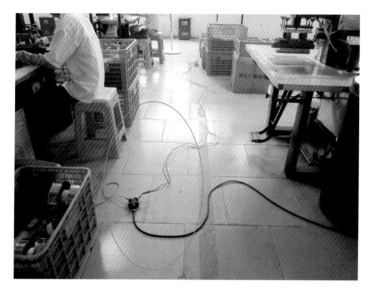

工作环境巡查现场（电线到处乱接、乱摆，消防通道堵塞）

工作环境巡查现场（物品堆放过高、消防通道堵塞）

工作环境巡查现场（同一岗位个人防护用品佩戴情况）

工作环境巡查现场（个人防护用品佩戴不规范）

工作环境巡查现场（油漆等易燃、易挥发物品未密闭）

工作环境巡查现场（油漆等易燃、易挥发物品未分类、未盖盖，屋内无通风设施）

工作环境巡查现场（员工搬运物品姿势不对，易闪腰）

工作环境巡查现场（自行拆卸脚踏开关保护盖，易发生触电事故）

工作环境巡查现场（同一岗位个人防护用品佩戴情况）

首次工作环境巡查（刷胶岗位未戴口罩）

回访工作环境巡查（刷胶岗位已戴口罩）

首次工作环境巡查　　　　　　　　回访工作环境巡查

工作环境巡查现场（该岗位单开关操作已导致 2 例工伤，

改成双开关控制不易受伤，成本仅需 200 元改装费）

首次工作环境巡查　　　　　　　　回访工作环境巡查

工作环境巡查现场（滚轴容易导致各类伤害，回访后增加防护罩）

首次工作环境巡查　　　　　　　回访工作环境巡查

工作环境巡查现场（该岗位曾经发生过 3 次工伤，
经采用磁铁改善后未发生过工伤，成本仅需 20 元）

首次工作环境巡查　　　　　　　回访工作环境巡查

（该岗位曾发生 3 例高温烫伤，回访时增加了高温警示标志）

心理干预培训现场

一对一院前急救知识培训（心肺复苏、外伤包扎）

安全生产知识培训（导师培训）

导师培训

培训中小组讨论

回访现场（引导员工自己评估工作环境）

成立工伤预防委员会（1）

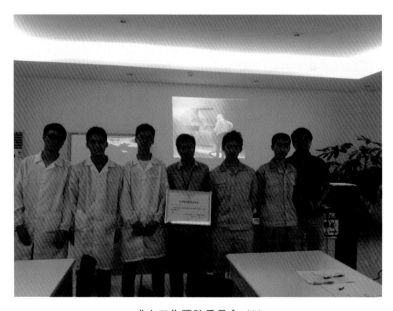

成立工伤预防委员会（2）

部分企业工伤预防委员会证书集影（1）

部分企业工伤预防委员会证书集影（2）

工伤预防普思项目试点中的重要事件：

普思参与式培训持续改善项目粤港两方交流活动

国际工伤预防经验交流活动（2014 年 6 月）

国际工伤预防经验交流企业现场调研（2014 年 6 月）

电视台针对普思参与式培训持续改善项目开展情况现场采访

组织普思参与式培训持续改善项目现场咨询活动（2014 年 9 月）

香港科技大学、香港中文大学、香港工人健康中心、广东省工伤康复中心
普思参与式培训持续改善项目的实施方案探讨

部分员工赴香港参加普思参与式持续改善项目专项培训

广州市工伤预防普思参与式培训持续改善项目协议签订

项目中期评估，企业现场调研

成功举办 2014 年国际工伤预防与康复研讨会·工伤预防工作坊

来自全国各省市 89 名人社系统领导和专家在

广东省工伤康复中心共同探讨工伤预防的发展

成功举办 2014 国际工伤预防与康复研讨会

得到普思参与式培训持续改善项目创始人

国际劳工组织小木和孝博士的高度认可

日本小木和孝博士和香港科技大学杜武俊教授亲临指导

首期粤港工伤危险因素识别与防护免费培训班

各级领导对现场互动与持续改善式工伤预防工作的重视：

广州市人社局、市安监局和基金中心专家组了解工作环境巡查情况

广州市人社局、市安监局和基金中心专家组

在企业现场与企业负责人及工人代表交流

广东省、贵州省人社厅李辉、王梅两处长带队深入企业了解工作环境巡查方式

广东省、贵州省人社厅李辉、王梅两处长带队深入企业了解工作环境巡查方式

国家人社部张晗副巡视员现场观摩互动式培训

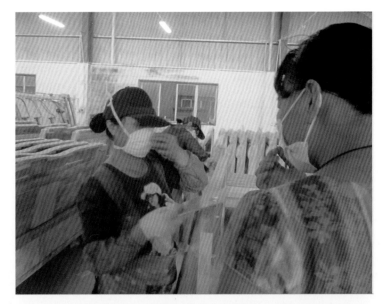

现场工作环境工伤危险因素评估（指导员工正确佩戴口罩）

现场工作环境工伤危险因素评估（指出潜在的工伤危险点）

中央机关 12 部委青年干部调研团深入了解工伤预防工作

广州市人社局、安监局和基金中心专家组听取
工伤预防参与式培训成效分析汇报

广州市工伤预防普思参与式培训评审现场

项目在其他省市开展情况：

湖南省永州市项目开展情况（工伤危险因素评估座谈会）

湖南省永州市朱新开处长带队深入企业进行现场工作环境工伤危险因素评估

湖南省永州市新田县项目开展情况（培训后大合影）

广东省佛山市项目开展情况（互动式工伤预防培训现场）

广东省佛山市项目开展情况（互动式工伤预防培训现场）

四川省成都市温江区工伤预防宣传培训启动仪式

四川省成都市温江区人社局廖军副局长带队

深入企业进行现场工作环境工伤危险因素评估

四川省成都市武侯区工伤预防培训项目（项目启动大会）

致　　谢

　　广州作为全国工伤预防的试点城市先行先试，经过 7 年对多个省市 600 多家企业的尝试与探索，终于将"现场互动与持续改善式工伤预防培训项目"这一培训模式，总结成了一本操作性较强的实施手册，能为更多的人服务，甚感欣慰。

　　回首 7 年来，工伤预防培训从最开始的"被动灌输式"传统培训模式，到引进日本、中国香港的"成效明显，但耗时长，与生产时间存在冲突"的普思参与式持续改善培训模式，到今天的具有我国内地特色的"现场互动与持续改善式工伤预防培训项目"，无不凝结着广东省人社厅、广州市人社局、广东省工伤康复中心、香港中文大学、香港工人健康中心等兄弟单位领导和同仁们的智慧与心血。

　　从 2003 年开展至今，从项目的引进、设计、论证、立项到项目的实施中都遇到了不少困难和问题，但我们没有退缩，迎难而上。当看到企业工伤发生率下降，工伤事故率大幅度下降，企业工作环境越来越好，工伤保险基金受惠群体越来越多时，更加坚定了我们将项目总结完善并逐步推广到其他省市的决心。

　　经过 13 年的蜕变，现场互动与持续改善式工伤预防培训项目成为符合我国内地特色，贴近企业需求，深受企业认可，得到员工偏爱，并具有投入少、回报高、易实践、有实效特点的工伤预防先进培训模式。

　　在此，我要深深感谢项目的创始人日本的小木和孝博士，感谢香港中文大学和香港工人健康中心给予的支持与帮助！

　　衷心感谢广东省人力资源和社会保障厅工伤保险处处长李辉对该项目的重视与广泛推广！

　　衷心感谢广州市人力资源和社会保障局领导的高瞻远瞩与大胆探索！感谢广州各区县人力资源和社会保障局各级领导、同仁们的大力支持与帮助！

　　衷心感谢佛山市人力资源和社会保障局及各区县人力资源和社会保障局各级

领导对该项目在实施过程中给予的支持与配合！

衷心感谢广东省工伤康复中心领导对工伤预防工作的高度重视与支持！感谢广东省工伤康复中心工伤预防技术服务指导中心的全体同事！感谢他们一切以服务对象为中心，以培训质量为核心的服务理念；感谢他们孜孜不倦、刻苦钻研业务的拼搏精神；感谢他们不畏艰辛，不辞劳苦，不计个人得失，坚持深入企业开展工作的奉献精神！

在此也衷心感谢所有参加此类项目的企业和员工，感谢他们的热情参与与积极配合！

最后向所有关心支持工伤预防工作的领导、同仁、朋友们表示深深的谢意！

刘辉霞

2016 年 10 月 25 日

致谢单位（不分先后）

广东省人力资源和社会保障厅

广州市人力资源和社会保障局及各区县人力资源和社会保障局

广东省工伤康复中心（医院）

佛山市人力资源和社会保障局及各区县人力资源和社会保障局

香港中文大学

香港工人健康中心

贵州省人力资源和社会保障厅

天津市人力资源和社会保障局

江苏省人力资源和社会保障厅

成都市人力资源和社会保障局

常德市人力资源和社会保障局

永州市人力资源和社会保障局

新田县人力资源和社会保障局

武侯区人力资源和社会保障局

温江区人力资源和社会保障局

及各参与此项目推广的所有企事业单位